好运的女人不抱怨

HAOYUN DE NVREN BUBAOYUAN

汪建民○编著

北京工业大学出版社

图书在版编目（CIP）数据

好运的女人不抱怨 / 汪建民编著 . —北京：北京工业大学出版社，2013.6

ISBN 978-7-5639-3503-1

Ⅰ.①不… Ⅱ.①汪… Ⅲ.①女性—人生哲学—通俗读物 Ⅳ.①B821-49

中国版本图书馆 CIP 数据核字（2013）第 099694 号

好运的女人不抱怨

主　　编：汪建民
责任编辑：韩丽萍
封面设计：李尘工作室
出版发行：北京工业大学出版社
（北京市朝阳区平乐园 100 号　100124）
010-67391722（传真）　bgdcbs@sina.com
出 版 人：郝　勇
经销单位：全国各地新华书店
承印单位：大厂回族自治县正兴印务有限公司
开　　本：700 mm × 1000 mm　1/16
印　　张：16.25
字　　数：275 千字
版　　次：2013 年 6 月第 1 版
印　　次：2013 年 6 月第 1 次印刷
标准书号：ISBN 978-7-5639-3503-1
定　　价：28.00 元

前言

常言道，人生不如意十之八九，哪能尽遂人愿？的确，人生在世，犹如沸茶，浮浮沉沉。既然人生中总会有一些不随人愿的事情，这些事或许是得失、仇恨，或许是挫折和逆境，还有可能是羞辱或轻视。那么，当我们面临这些事情的时候，应该以怎样的心态来面对呢？

天下熙熙，皆为利来；天下攘攘，皆为利往。在女人的世界里，更是如此。很多时候，人生的一些苦恼和抱怨就源于这些身外之物，在得失荣辱之间，女人往往斤斤计较，患得患失，互相抱怨。一个女人要想轻松愉快地生活，没有烦恼，就要学会看淡人生中的得失，学会放下，不为过去的事烦恼，笑对人生旅途中的起起落落。只有拥有了一颗平常心，不再抱怨自己的这些得失，你就会令人钦佩。

抱怨人生的得失中，不只是这些身外之物，而仇恨恩怨则更加让人难以释怀。虽然说："渡尽劫波兄弟在，相逢一笑泯恩仇。"然而，在现实生活中，又能有几人能够做到呢？有时候伤害已经造成，甚至有些伤害是无法弥补和挽救的，此时，一个人产生仇恨情绪也是人之常情，然而，不管怎么样，一个女人也应该大度一些，应该放下心中的仇恨。因为事已至此，再去抱怨、怨恨已经于事无补，况且如果任凭仇恨膨胀，到后来不仅仅会伤害到别人，而且很有可能再次伤害到自己，让自己的心灵再次受到摧残。所以，放下仇恨吧，要知道宽容别人也是解脱自己。

人生在世，挫折和逆境乃是人生常态。一个人在成长的道路上，难免会遇到挫折，身处逆境。但是要记住，不管道路多么崎岖坎坷，我们都要正确地面对。巴尔扎克曾说:"挫折和磨难是强者的晋身之阶,是弱者的无底深渊。"所以,当你遭受磨难和失败的逆境时,一定要坚强乐观地面对,时刻保持清醒。将人生中的这些磨难和失败化为成功的动力,并从中崛起,努力有所成就。只有这样,人生中的所有逆境和挫折才会成为你的机会。

如果说人生中的逆境是对身体的摧残,那么,讥笑羞辱以及不被欣赏就是精神上的再度考验。或许很多人会说,身体上的苦痛我不怕,但是我就是不能受气,不能遭受别人的羞辱和嘲笑。不可否认,精神上的打击对人的伤害更大。然而,换个角度想想,别人对你的嘲笑和轻视,不是因为别的,而是你还不够强,还没有令人赞叹的成就。如果你只是一味地抱怨,甚至怨恨,那么,你这一辈子就会一直在别人的嘲笑和轻视中度过。所以,一个智慧的女人,一个高尚的女人,绝不会让这些影响了自己前进的脚步。

本书就是针对女人在面临生活中容易产生抱怨的事情,从个人得失、仇恨恩怨、遭受挫折、讥笑羞辱、身处逆境、不被欣赏六个方面,结合一些实际的事例来加以解读并给人以指导。还在为这些事而心生抱怨的女性朋友们,不妨捧起此书,在清晨或是傍晚,细细品读,相信此书将会使你心平气和,烦恼顿消,同时也希望它将成为你人生路上的良师益友!

目录

第一章

不因个人得失而抱怨，就会赢得他人钦佩
——聪明的女人不抱怨

天下熙熙，皆为利来；天下攘攘，皆为利往。这里的利无非就是和自己有关的功名利禄。在利来利往当中，总难免有得有失。然而，一个女人要想生活得幸福快乐，就要学会看淡身外之物的得失。失去了，不要抱怨，而是要心怀感恩，要拿得起放得下，要懂得知足常乐，最重要的是以平常心来面对这些得失。做到这些，你就是一个聪明的女人，你就会得到他人的钦佩。

第二章

第二章　不因仇恨恩怨而抱怨，就会赢得他人尊重
——大度的女人不抱怨

古语有云：“渡尽劫波兄弟在，相逢一笑泯恩仇。”行走在世间，人与人之间由于各种原因，难免会有一些摩擦，严重的话就会导致仇怨。对于一个大度宽容的女人来说，当你面对过去或是现在，面对伤害你的人或是你亲近的人时，应该选择宽恕而不是以怨报怨，仇恨不断。冤家宜解不宜结，你要学会放下仇恨，否则你就会陷入仇恨当中而不能自拔，最终受到伤害的不仅仅是他人，很有可能还有你自己。

第三章

不因遭受挫折而抱怨，就会赢得他人羡慕
——坚强的女人不抱怨

世间多坎坷，来到这个世上，在每个人的成长过程中挫折与苦难是不可避免的，女人也不例外。柔弱的女人在这些挫折面前往往表现出抱怨以及不知所措，甚至对人生失去希望；而坚强的女人在这些挫折与失败面前从不抱怨。她们明白，此时的抱怨对于解决问题毫无帮助，所以，她们把这些挫折与失败看作是人生的一笔财富，并从中崛起，找到自己成功的道路，取得令世人羡慕的

成就。

第四章

不因讥笑羞辱而抱怨，就会赢得他人赞誉
——高尚的女人不抱怨

社会是复杂的，人也是复杂的。由于每个人的身份地位的不同，当一个人处于劣势的时候，遭受别人的讥笑和羞辱是很常见的。这个时候你要做的不是逞一时之愤，不顾后果，而是要有能够容忍的高尚情操。只有忍一时风平浪静，在忍耐别人的嘲笑与羞辱中不断积蓄能量，才能够有所成长有所进步和完善。很多时候，我们甚至可以感谢那些曾经嘲笑和羞辱我们的人。

第五章

不因境遇不佳而抱怨，就会赢得他人帮助——乐观的女人不抱怨

人生在世，不如意十之八九。的确，逆境是人生常态，人的一生不可能一直是顺境，也不可能一直是逆境。所以，当你面对人生逆境的时候，一定要学会乐观地去面对。一个乐观的女人要有塞翁失马焉知非福的好心态，遇到不如意的事，不要去抱怨，而要往好处想，要学会微笑面对。如果能够做到这样，当你走出逆境时，你会发现，逆境中的磨难会让你得到更多。

第六章

不因不被欣赏而抱怨，就会赢得他人拥护——智慧的女人不抱怨

有位名人说，每个人内心最渴望的就是受到别人的赞美和欣赏。然而，由于每个人来到这个世上所处的环境不同，往往处在底层的人，更渴望能够得到高层的人或是世人的赞美和欣赏。作为一个女人，当由于自身条件而不被他人

欣赏和尊重时，你要做的不是怨天尤人，自甘堕落，而应使用自信来装点自己，让自信成为自己的化妆品。自尊自强，努力有所作为，只有这样，你才会真正地被他人尊重和欣赏。

第一章

不因个人得失而抱怨，就会赢得他人钦佩
——聪明的女人不抱怨

天下熙熙，皆为利来；天下攘攘，皆为利往。这里的利无非就是和自己有关的功名利禄。在利来利往当中，总难免有得有失。然而，一个女人要想生活得幸福快乐，就要学会看淡身外之物的得失。失去了，不要抱怨，而是要心怀感恩，要拿得起放得下，要懂得知足常乐，最重要的是要以平常心来面对这些得失。做到这些，你就是一个聪明的女人，你就会得到他人的钦佩。

女人要学会看淡得失

人生在世，牵绊我们的东西太多，面对世间的许许多多的诱惑与自己的欲望，我们很难不去在意自己的得失。人的心情总是易受得失的影响。渐渐地，我们似乎觉得：好心情不再是简单的事，变得如天山雪莲般弥足珍贵，因为我们的心再也找不到那份最简单的快乐了。

然而，聪明的人知道，要想更好地生活，就应该学会看淡人生的得失。这样，不仅自己能够生活得美好，而且也会得到别人的钦佩。女人不把一切看得太重，这是一种难得的旷达。退一步说，很多外在的东西，有时看得再重也未必有用，说不定这样还会给你带来心理上的压力和负担。而淡然一些，也许你的微笑会更惬意，步伐会更轻快，人生的风景会更美好。

现实中，每个人对生活的看法不尽相同。有人说，生活是甜蜜的，一路上充满了欢声笑语；有人说，生活是苦涩的，一生中经历了数不清的艰辛和无奈；有人说，生活是酸楚的，一辈子总会遇到躲也躲不掉的叹息；还有人说，生活是新鲜刺激的，是多姿的彩虹，不停出现的新生事物期待你去感受去开拓。

陈彤下班回家后，把包往沙发上一摔，鞋子也用力地甩到地上，没好气地穿起拖鞋，嘴里还嘟噜着："真是人比人气死人，气死我了。"随即用力地让自己陷入了软软的沙发里。

"谁惹我们的大小姐了？"在一旁看电视的爸爸淡定地问道。

"你说气人不气人，我在公司待三四年了，浪费了谈恋爱、结婚的大好时光在公司里打拼，结果呢？好不容易等到一个升职的机会，却被刚来一两年的小姑娘给抢先了。如果不是下班了，我看到人事变动通知的那一刻，我就冲到领导办公室找他评理去了。”

“消消气，来，喝口水。”妈妈端来了一杯水。

“喝多少水也消不了这口气。我就是今天晚上不睡，我也要想好一大堆的说辞，我看领导能给我个什么说法。”

“我要是你们领导啊，我也不让你升职管别人。”爸爸听完女儿的抱怨说。

“为什么？”陈彤吃惊的声音中带着些怒气。

“你看看你现在的脾气，一点也不成熟。人家抢了你的客户，你就找客户理论，让客户下不来台；同事跟你说谁谁说你坏话，你就立刻找人当面对质，非要争出个谁对谁错来。你这次再去找领导评理、争对错，那只能更加让领导认为他的决定是对的。”

“我受了委屈难道还不该去评理吗？”被自己的爸爸这样数落，陈彤顿时眼泪忍不住流了出来。

“把你当作我女儿呢，我自然替你叫屈。可是我以前也是领导，站在管理者的角度上去说呢，你这脾气过于浮躁，即使业务能力强，资历深，也要考虑到更多的因素，比如组织能力、人际交往能力、团队沟通能力，等等。你的情绪自控能力太差，同事都叫你‘黑面王’，升你为领导，那你还不蹬鼻子上脸啊。”

“那你说我怎么办。脾气是天生的，改不了了。”陈彤越来越激动地说。

爸爸依然很平静地说：“改得了改不了，关键要看心态能不能摆正。受人排挤的往往是消极悲观坏情绪的人；受人喜爱的往往是乐观开朗、天天都有好心情的人，这样才能感染到更多的人。”

陈彤更感委屈地抱怨道：“遇到这样的事，谁能有好心情啊！”

爸爸慢慢地说：“女儿啊，这都是因为你把这些看得太重。快乐不是得到得多，而是计较得少。如果你能看淡得与失，那自然会成为一个快乐的人。作为父亲，我更加希望你能快乐，这才是最重要的。”

不可否认，在现实中，像陈彤这样的女人随处可见。她们总是给自己强加太多的东西，让自己活得太累。

世界上很多人都想成功，想成为不输给他人的人。但机会有限，于是便总有失有得。得到的，无须太张扬，一脸的傲气；失去的，也无须太失落，一蹶不振。为得或失而影响了心中的那份宁静与安然，不值得。

女人要想真正地获得内心的宁静与安然，就要学会在得失面前，不要怨天尤人，要学会调节心理平衡，这样才能舒缓工作压力，保持良好的生活心态，促进身心健康；要淡泊功利，不必给自己制订过高的目标。同时，还要明白，一个人的快乐，并非是她拥有得多，而是她计较、抱怨得少。舍弃不一定是失去，而是另一种更广阔的拥有。

提起中国第一位女首富但华香，相信很多有志创业的人都非常熟悉。其实，但华香创业时只不过是个 20 多岁的年轻女孩。她在 2002 年"愚人节"那天正式启动创业，并成立了联盟企业快乐高尔夫，同时一手组建了上海第一支女子高尔夫球队、中国第一支高尔夫模特队。

但华香的创业之路与别人一样充满艰辛，但是但华香从不抱怨，总是微笑面对，有着与其年龄不相称的豁达与淡定。她说，是内心的力量支持着她一路走过来。她还说，不要把打击和失败看得太重，这样才能"轻装上阵"。但华香初创时期，由于一次失误，公司在一个项目上损失了几十万元，许多员工都想打退堂鼓。然而，但华香却很淡定地看待这次失败。晚上，别人都走了，她一个人在公司工作到凌晨两点，连夜重新设计了一个项目方案，打印好放在每个员工的案头，并附上一张小纸条，上面写着："我不喜欢在阴影里滞留太久。明天又是新的一天，我们一切从头开始。"

不管是成败，抑或是得失，但华香从不去抱怨，她的脸上总是挂着真诚的微笑。与此同时，那些面含微笑、眼睛有光彩的应聘者也是她招聘的主要对象。"发自内心的微笑，是心态和心胸。"她说。创业最大的收获是良好的心态，不生气不抱怨，能够很平和地对待挫折。周围人觉得你性格好，和你在一起感觉舒服，你的人缘就会好，做事也会事半功倍。

但华香还说，“女人尤其容易情绪波动，必须学会把情绪成本控制到很低，让自己的身体少受伤害。不要把一切看得太重，年轻女孩子，要有定性和悟性，给人可靠、牢靠的感觉，事业和感情方面都是如此，谁也不喜欢和愁眉苦脸的女孩在一起，无论她有多漂亮。”

在人生路上，每个人都会有成败得失，不要把它们看得太重，女人也要学会看淡这些得失成败。成功的时候要想着失败的时候，失败的时候不要过度抱怨。要从失败的阴影中尽快解脱出来，走向成功。但华香的成功表现了她对人生中得失的淡定，同时她人生和事业的成功也让其他的女人羡慕。

人生只有匆匆数十年，如何让自己过得开心、快乐，一切都是由自己掌控。命运对于每个女人来说都是公平的，就看你自己怎么把握。不要抱怨自己过得有多糟、出生家境有多不好，一切靠自己的努力，得到自己想要的东西，才是人生中最大的快乐和最大的成就。

女人不要抱怨太多，要学会看淡人生得失。因为，生活对于每个人来说都是公平的，女人更不要一味地抱怨上天的不公平。人生旅途中时而坎坷艰辛、波澜不惊，时而垂柳轻拂、平淡如水，关键在于你如何去把握生活，享受生活。聪明的女人，只有微笑着面对生活，面对每个人每件事，你才会看到灿烂的阳光，迎接你的也是一路的欢歌笑语。

笑对人生的起起落落

有人说，人生如泡茶，充满了浮浮沉沉。的确，人生在世，难免有起有落，有得有失，但是只要你不去抱怨，只要你有笑对人生的勇气和胸怀，那么你的人生就会是美好的，也是让人赞赏的。

一匹战马，曾经多次立下战功，还曾解救过一位将军。当年，为了表扬它，首长亲自接见过它，为它佩戴红花，绕城行走。后来，它在一次战役中受了重伤，待伤养好后，部队便将它卖给了一位腿部受伤的农夫。

到了农夫的家里，马被安排到磨房里拉磨。这时候，农夫发现马哭了。

"自从你来到我家，我不曾亏待过你，你为何哭呢?"农夫问。

马说："你对我的确很好。我哭，是因为觉得命运不公。当年，我是功勋卓著的战马，享受过无限的荣誉；可如今，我却在磨房里拉磨。我心里难过。"

农夫笑了，说："以前我也是个骁勇善战的士兵，还得到过首长的接见。后来，我受伤了，便退伍回乡了。可我没觉得这两种生活有什么不同，我每天过得依然很开心。"

马和农夫都曾经在战场上立过功，并获得了殊荣，他们也都是因伤而离开了战场，可是马过得不开心，而农夫却依然乐观地生活着。其实，人生就是这样。有时荣华富贵，有时举步维艰；有时一切顺利，有时却处处碰壁。可是不管怎么样，我们都该保持一种豁达的心胸，淡然地面对这一切。唯有如此，才能够在处境突变时不会有抱怨和痛苦，才能笑对人生的起起落落。

女人也该拥有这样一份淡然和从容的心境，笑着面对人生的荣辱，只有这样才能为自己赢得一个广阔的心灵空间，在起起伏伏的生活中把握自我，超越自我。

有时，人的一生就像簇簇繁花，既有火红耀眼之时，也有暗淡萧条之日。如果过分地在意"荣"，过分地抱怨"辱"，就会滋生烦恼和痛苦。事实上，无论是"荣"还是"辱"，终有一天会成为过去，唯有坦然视之，才不会让心情被荣辱左右。然而，女人的生命常常不是随性而行，女人有敏感的神经，她们的思绪总会被一些事而牵绊，容易为一件事情的好坏而高兴或伤感。事实上，如果女人放开这些事情，就能够笑对人生荣辱得失，起起落落。

美美在大家眼中一直是一个非常柔弱的女孩，而事实上她是一个思想相当成熟，对生活有一定感悟的女孩。

美美曾经对她的朋友们说："生活应该像美美一样一直充满着绿色，充满着希望。只有这样才不会被眼前的黑暗所吓倒，而停滞不前。"

美美的经历相当丰富。她经历过创业的失败，遭受过朋友的背叛、恋人的背弃甚至亲人的离去。但这些伤痛并没有使美美丧失继续追求生活的勇气。相反，这些磨难磨炼了她的意志，坚强了她的性格，使她成为一个内心无比强大的女孩，身上散发着淡定成熟的女性魅力，赢得了许许多多人的赞扬和钦佩。

美美目前有一家自己的公司，最近的一个投资项目出现了决策失误，给公司造成了极大的经济损失。面对这一切的变故，美美并没有退缩。她告诉自己：这一切只是命运的考验，不能就此放弃；放弃是一种最彻底的失败。

这次风波之后，公司的资金严重短缺，已经不能支付员工的工资。在做过资金的最后核算后，她集合大家开了一个紧急会议。在会议上，她明确地告诉在场的所有员工，公司的资金一时无法周转，想要离开的员工，可以领到工资直接辞职；而留下的员工则要过一季度才能领到自己的所有工资。

尽管最后只剩下几个与自己共事十几年的同事，但她依旧很感动。事后，她没有抱怨这次的失败，而是笑对她一生中的这个低谷。她果断地把自己从银行的贷款和向朋友筹借的资金全部投到公司中，为公司的运营继续注入血液。

在她的精心运营下，一个季度后，公司开始盈利，她按时给所有留下来的员工发放了工资。从此，员工对她多了一份信任、一份支持。

人生中，从来没有人能够一帆风顺。美美不管是面对生活还是工作上的起起落落，都做到了泰然自若，可以说她是女子中的“伟丈夫”。人生不如意之事十之八九，美美的坚韧和勇敢让人叹服，而这正是一个成熟的女人所应具备的素质。

“临渊羡鱼，不如退而结网”，一个成熟的女人为了让自己登上更高的台阶，她们会毫不犹豫地“退而结网”。因此，成熟的女人不会因为失败或者过错而郁郁寡欢，也不会一味去抱怨。她们会积极地想出解决问题的办法，而不是在那里听天由命。她们经历了生活的磨难，在历练中逐渐看淡了人生的大起大落。在她们的心中，这种大起大落就像海滩上的潮水一样，会有涨潮的时候，也会有退潮的时候，所以她们也能够笑对人生的起起落落。

芳芳性格开朗，无论做什么事情都很有主见，对待感情她更是敢爱敢恨。芳芳也曾经历过一次伤心的恋情，被伤得体无完肤的她只身一人来到了北京。原本想凭借专科学历找份好工作，无奈北京人才济济，投出去的简历总是杳无音信。那时，她有些沮丧，可是很快她就转变了想法：北京有那么多人都在找工作，又不是我一个人，怕什么呢！

芳芳是那种不服输的人，她又面试了几家公司，苍天不负有心人，经过她的一番努力准备，她终于被一家公司录用了。到公司不久，一次偶然的机会，她认识了王刚。凭借自己的能力和出色的表现，芳芳半年后就得到了提升，而王刚对她也越来越不一样。面对公司上下的议论，王刚敢爱却不敢承认。芳芳也察觉到了这一点，但她没说什么。但芳芳在背后经常遭受同事的冷言冷语，甚至有人说她是“小姐”、“寄生虫”之类的。面对这样的恶意中伤，芳芳没有和他们理论，她依旧努力地工作。

然而，胆小懦弱的王刚面对流言蜚语，却有些沉不住气了。他终于鼓起勇气找到芳芳，并向她承认了自己的懦弱。面对王刚的胆小怕事，芳芳没有抱怨，而是平静地接受了。后来，公司里的人发生了争执，大家开始陈芝麻烂谷子地说起旧事，结果闹到了董事长那里。芳芳和王刚的“地下情”曝光了，但芳芳也没有被吓倒，她平静地向董事长陈述了自己和王刚的关系，她的大方和平静得到了董事长的赏识，直接被提升为总经理秘书。

经过这件事，王刚看到了芳芳的淡定和笑对一切的勇气，而这一切却让他相形见绌，自愧不如。这次，他毫不犹豫地找到芳芳，向她道歉，两人又和好如初了。就这样，芳芳在现实生活面前用微笑面对，赢来了爱情和事业的双丰收。

人生在世，浮浮沉沉，起起落落，笑对人生就是微笑着对待那些围绕在自己身边的愁事、痛心之事，始终保持着从容淡定的姿态。一个女人，无论是名人还是普通人，无论是富贵还是贫贱，都会在人生舞台上扮演属于自己的角色。这就如同一出戏，生旦净末丑，各有各的特点和形象，至于角色是否演绎得精彩生动，全看自己的了。在宠辱得失问题上，女人若是能做到顺其自然，才叫洒脱。顺其自然是经历了万千风雨之后的大彻大悟，也是领略了人生的峰回路转之后的空灵，也是一种幽幽暗暗、反反复复追问之后的抉择。试着让自己笑对人生的起起落落，这样你会发现内心渐渐开朗，而思想的负担也会随之减轻许多；也只有这样，你才能成为一个宠辱不惊的淡定女人！

女人要用平常心对待功名利禄

天下熙熙，皆为利来；天下攘攘，皆为利往。一直以来，很多人热衷追逐功名利禄，有时女人对此的热衷更甚。然而，聪明的女人却从不会因为没有功名利禄而抱怨，因为他们懂得，很多时候，人要用平常心来面对这些身外之物。

如今，许多人害怕宁静，时时借热闹来躲避宁静，麻痹自己。滚滚红尘中，已经很少有人能够固守一方、独享一份宁静了，更多的人脚步匆匆，奔向人声鼎沸的地方。殊不知，热闹之后却更加寂寞。如果能在热闹中独饮那杯寂寞的清茶，也不失为人生的另类选择。但是，并不是每个人都会享受宁静的。

快乐、幸福这些好心情似乎很简单，只是介乎于一些小事。但这些好心情变坏却也很容易。一些小事、小细节，瞬间便可以让坏情绪赶跑好心情，占满我们本就不大的一颗心。

一位天使对一个年轻人说："我可以帮你做三件能让你快乐的事，任何事。"

"真的吗？那我想要成为最有钱的人，让谁都不敢小瞧我。"

天使手一挥，年轻人成为了有钱人。于是天使又问："你现在有钱了，你快乐吗？"

"不，我仍不快乐。"

"为什么呢？你已经有了别人所不能有的财富了啊。"

"钱再多，没有高高在上的地位与权势，那么，还是需要看他人的脸色，也无法真令所有人折服于我。"

天使手一挥，年轻人不但有了钱，也有了在当地无人能及的地位与权势。

"现在你总该快乐了吧？"

"哦，我怎么能快乐呢？这么多钱，这么高的权势，肯定会有人忌恨于我，想要偷我的钱，夺我的势……我想我连睡觉都要睁着眼了。"

天使于是将给予年轻人的一切都收了回来，年轻人又回到了原点，成为了拥有一个拥有健康体魄而别无其他的人。

"这样，你就不用担心了吧？"

"怎么可以这样？我明明已经是最富有、最有权势的人了，为什么要让我变回一个穷光蛋？"

“可是我已经做了三件事了。”

“可是我并不快乐啊。”

“那是因为你的心里只看到功名利禄的得失，已经容不下快乐。得到了，你却因为失去而不快乐；失去了，你却因为曾经得到过而懊恼不已。不是吗？在几分钟之前，你本就是这个样子啊，不多不少。”

现实生活中，经常看到一些女性精神失控、歇斯底里，其实仔细思考一下就会知道，很多事都和名利得失有关：因为没有获得意想当中的奖金，因为没有得到苦苦追寻的爱情，因为没有得到为之奋斗已久的荣誉、地位。

不难发现，女人的心情波动，往往都是因为外界利益的得失带来的原因。失去和得到往往都让女人的心理承受着难以形容的压力，它们在无形当中破坏着女人的心境，让女人因为外界的变化而患得患失、诚惶诚恐，女人的仪态和气质都在这些复杂的情绪变化中荡然无存了。得到了害怕失去，这些常常是女人在利益得失面前的真实写照。很多女人对物质和荣誉看得太重，无意之间付出了很多的代价。

很多时候，你会感到，生命只是一种体验，外界的荣辱得失并没有改变你什么，只要你不太在意功名利禄，只要你不太介意自己在他人心目当中的地位和形象，不太在意外界对自己的评价，就能够成功地走出困境。

主演过《泰坦尼克号》的英国著名影视明星凯特·温斯莱特，从小就是个酷爱表演的女孩。她一生最大的梦想就是能够拿到奥斯卡奖，为此，她一直努力奋斗着。从一个小小的芭蕾舞演员，到走上影坛，最后成为一名出色的演员，凯特·温斯莱特一路走来，认真演绎着每一个角色，努力争取过每一个机会。但是很不幸，虽然她出演过一些影视巨片从而知名度很高，可是她总是因为一些特殊原因和奥斯卡奖失之交臂。她主演《泰坦尼克号》之后，当年《泰坦尼克号》夺得了奥斯卡最佳音乐奖、最佳特技奖等众多奖项，但是唯独最佳女主角奖却失之交臂，而是颁给了另外一部电影的女主角。

后来的时间里，凯特又出演了多部有影响力的影片，可是因为种种原因，她都与奥斯卡奖无缘。直到第四十四届奥斯卡奖之时，凯特·温斯莱特主演了当年的著名文艺片《生死朗读》，这一次，尽管还是经过了不少周折，但总算女主角奖还是颁给了凯特。当凯特·温斯莱特拿着自己梦想已久的奖杯时，很多人都认为她一定激动得泣不成声。但是凯特·温斯莱特却表现得很镇定，她对所有的人说："其实我最热爱的是表演艺术，无论得不得奖对我来说现在都已经不重要，我对表演艺术的热情永远不改变。"凯特·温斯莱特得到了在场观众热烈的掌声，人们终于发现，那个只想着拿奖的女演员成熟了，她已经从功名的误区当中走出来，知道了什么才是对自己最重要的东西。

凯特没有去抱怨那些本应属于她的功名利禄和荣誉，而是继续默默地做好自己的事，后来的荣誉对她来说，或许没有她努力的过程和成长的过程重要了。聪明的女人知道，对于人生而言，所有的功名利禄都只不过都是过眼云烟。随着时间的流逝，留在我们心中的只有人间的真情。所以，女人在人生的荣誉得失面前，要能保持得而不喜，失而不忧。对待功名利禄，要抱着一颗平常心，要有一种宠辱不惊的态度，只有这样，才能在关键时刻显示出女人高尚的人格和令人钦佩的大度。

的确，在这个物欲横流的社会，名利的光环显得很诱人，它代表着地位显赫和财富的增加。每个人在内心深处都希望自己被人尊重，每个人也都希望能够在有生之年获得足够的财富，以享受生命。尤其是对女性而言，她们大多向往富丽堂皇和丰富精彩的生活，希望自己如同童话故事里的公主一样，地位尊贵，尽享荣华。

但是同时，面对功名利禄我们也要看到，越是华丽精彩的东西，就越容易侵蚀我们的内心。很多人在虚荣面前失去了常态，变得贪婪自私，很多人为了钱财，失去了良知，变得凶狠残忍。如果心态改变了，那么再多的功名利禄都不会增加一个人的幸福感，而只会助长一个人的贪婪。

居里夫人的声誉享誉世界。她与她的丈夫皮埃尔·居里都是放射性的早期研究者，他们发现了放射性元素钋和镭，并因此与法国物理学家亨利·贝克勒尔分享了1903年诺贝尔物理学奖。之后，居里夫人继续研究了镭在化学和医学上的应用，并且因分离出纯的金属镭而又荣获1911年的诺贝尔化学奖。

有一次，一位美国记者寻访居里夫人，他走到村子里一座渔家房舍门前，向赤足坐在门口石板上的一位妇女打听居里夫人的住处，当这位妇女抬起头时，记者大吃一惊：原来她就是玛丽·居里。居里夫人可谓名利双收，但她既不看中名也不看中利。她一生获得各种奖金10次，各种奖章16枚，各种名誉头衔117个，却全不在意。有一天，她的一位朋友来她家做客，忽然看见她的小女儿正在玩英国皇家学会刚刚颁发给她的金质奖章，于是惊讶地说："居里夫人，得到一枚英国皇家学会的奖章是极高的荣誉，你怎么能给孩子玩呢?"居里夫人笑了笑说："我是想让孩子从小就知道，荣誉就像玩具，只能玩玩而已，绝不能看得太重，否则就将一事无成。"

居里夫人淡泊处世，冷对人生，得而不喜，失而不忧的人生境界，真的值得我们每一个生活在物欲横流时代的人借鉴。

当女人面对功名利禄的得失时，不要去抱怨，而是要学会用平常心面对这些身外之物的得失。不否认，功名利禄很诱人，但是当你明白过来后，你会发现，那终归只是一时的感受。相对于人生更多的时间来说，你必须面对的是你自己。那个你才是最真实的你。如果你能够时刻坦然地面对自己，那么你就是胜利者。能够在利益面前保持本我，能够在功名面前保持淡定，只有这样从容的女人才能经受得起荣誉沉浮的大风大浪。因为诱惑对她来说毫无用处，她不会因为名利的得失而改变自己的心性，改变自己的情绪，她内心始终都能保持满足和平静，也始终都能享受到生活中真实的幸福和快乐。

生活中没有绝对的稳妥和公平，当面对这些身外之物时，即便是失去了，也不要去抱怨，因为有得便有失，人生的得与失也总在不经意间出现变换。既然在许多意外发生的时候，注定你会失去很多东西，所以你不妨以一颗平常心对待功名利禄的得失，这样你将收获更多有意义的东西，做到了这些，你就是一个聪明的女人。

女人不要过分计较金钱的得失

人们常说，钱是万恶之源，人为财死，鸟为食亡。听起来，这些都好像是说男性。其实不然。实际上任何女人也都离不开“钱财”，很多时候女人对金钱的追逐绝不逊色于男性。然而，如果一个女人一味贪图钱财，对钱财有无限的占有欲，很可能为此灾祸连连。从古至今，多少的争斗均为“钱财”而起。聪明的女人懂得，唯有不怕吃亏，不去计较或抱怨钱财的得失，才能收获轻松的心情。

不管在哪个时代，不能否认，钱财的确是一个人身份地位的象征，女人也是一样。但是，一个女人如果视财如命，吃不得一点点的亏，甚至贪图他人财富的话，自然会惹出许多事端，累及身心。有些贪心的女人会认为这是危言耸听，依然我行我素，事到临头，等到吃了亏时，才幡然醒悟，但那时就已经太迟了。

曾有一个名叫沈秀的有钱人，原本他的生活并不富有。起初，他投靠在吴地商人陆氏的门下，帮陆氏出谋划策，时间长了，他的努力和诚实赢得了陆氏的信任与重用。流光催人老，陆氏年老以后，逐渐感悟到平静生活才有真正的快乐，于是他决定散掉自己的钱财。后来的时间里，陆氏将自己一半的财产分给沈秀，自己带着剩下的钱财在湖边建造庙宇，起名“开云观”，从此便在观里修行，最终寿终正寝。

沈秀得到了陆氏的资助，一下就有了自己的资产，很快富了起来。此后，他在周庄建造府宅。一次偶然的机会，他得到一个宝贝，名为玛瑙酒壶，其质地透明，如水晶一般。宝物内有一串玛瑙葡萄，放于月光之下，璀璨如珠，有如月下葡萄，沈秀爱不释手。然而，这两件宝物却被外人所知。后来，沈秀遭遇抄家，宝物流落。几番周折，终被吴江的某人所得，随后又被赠予官吏梅元衡。然而，没过多久，梅元衡也出了事，宝物不知流落何方。

英宗天顺年间，有一个叫李铭的教书先生，他夜行至某地，看到沟渠内有闪闪发光的东西，这件东西便是那沈秀的宝物。他的朋友见他得此宝物便献计，请他将此宝送给镇守张大监，好换一个监盐官的差事做，可以赚到很多的钱。这个主意不错，李铭照计行事，遂成为一名监盐官，并获得三千两白银。李铭大喜，从三千两白银中分与朋友一千两。

有道是，人算不如天算，负责运送食盐的船只在江上出了事故，全船的盐都溶化于江中。朝廷便派知府杨继宗来调查，李铭被重判入狱，最终病死狱中。他的朋友也受到牵连，不得已变卖家产来赔偿官盐的损失，才得以保全性命。

仔细看看这个故事就会发现，富人陆氏因看透钱财多了会带来灾祸，所以在年老时散掉家财，并分给沈秀一笔钱财，而自己却在开云观轻松度过余生，可谓善始善终。而沈秀虽得钱财，却遭遇抄家；梅元衡得到宝物，也遭遇横祸；李铭拾得宝物，用它谋得一官半职，然而，最终病死狱中；他的朋友得到一千两白银，却也受牵连，不得已变卖家产来赔偿，才算保全性命，实在可悲可叹。除了陆氏，其余的几个人均因贪图财钱，而最终被钱财所害。唯有陆氏不计钱财得失，主动赠予他人，临老却能得享清福，清静自在地度过了余生。这正是，钱散人安，贪财得祸。

所以，女人也应该明白，人生在世，不要去计较和抱怨钱财的得失。因为等到你看清这些的时候，你会觉得再多的钱财都不过是过眼浮云，生不带来死不带去。而如果你非要让自己被钱财所累，贪图他人财物，到最后往往害的是你自己。

现实生活中，崇拜金钱、贪恋金钱的女人随处可见，有些贪心的女人甚至把钱权名利看得比生命还重要。她们整日总想着如何能不吃亏，占得更多的便宜，而一旦钱财失去，她们就会整天地抱怨。因为贪恋钱财，她们每天都生活在惊慌和不满足之中，而且常常为钱财的得失而愤愤不平，甚至抱怨老天不公。其实这样做，只会让女人自己陷入无尽的烦恼与忙碌之中，为钱财所诱惑，最终误入歧途。诚然，人生在世，金钱固不可少，而为钱而忙碌奔波，也没有过错。但是，“君子爱财，取之有道”，女人如果不能去除贪念，凡事计较个人得失，即使得到的钱再多，也无法清心过日子，相反，还会增加更多的烦恼与压力。

即便这样说，现实生活中，还是有很多女人无法看破这一点，最后让自己变成钱财的奴隶，甚至也被钱财所害。

曾经有一对夫妻经营着一家服装店，丈夫章鹏为人忠厚，妻子李丽聪明能干，可是有一点，就是她非常爱财。夫妻两人从摆地摊做起，到拥有几十平方米营业面积的店面，确实不易。一对患难与共的夫妻，眼见生活变好了，可是，两人之间的争吵却越来越多。究其原因，还得从妻子李丽爱财贪财说起。

她的丈夫家中还有一个弟弟，两人都没有念过多少书。头些年虽说经营小本生意，可是，还不如弟弟干体力活挣得多。因此，家中的老人基本上都是弟弟负责赡养，章鹏心里很难受。眼见着自己日子好了，章鹏想给兄弟一些补偿，可是李丽认钱不认人，每次提到老人的事情，她都借口说等富起来再说。章鹏知道她的真实想法，为此争吵过很多次，最终只能提出离婚。现如今，李丽不仅失去了人，也失去了赚钱的动力。

我们看到，开始的时候李丽夫唱妇随，两口子经营服装生意非常红火。然而，在章鹏父母的问题上，她过于守财，不肯吃一点点亏，逼得章鹏提出离婚，最终失去了美好的幸福家庭。如果她能够早点醒悟，别把钱财看得那么重要，不怕吃亏，还会是一个完整的家庭。

女人要懂得，钱财乃身外之物，钱财固然可以帮助女人实现人生的理想，可以让女人过上富裕的日子。但是，聪明的女人明白，钱财不是万能的，如果一个女人只懂得死守钱财，害怕吃一点点亏的话，到头来钱财也会让她失去朋友、亲人，让她形单影只，孤独一生。

自古道，财散人聚，财聚人散，对于那些经商的人这个理更为重要。从古到今，在生意场上有所成就的生意人无不是深谙此术。真正聪明的女人懂得，只有不计较、不抱怨钱财的得失，只有肯吃亏，主动把利益分一些给别人，别人才会想着跟你长期合作。相反，女人如果总想着一个人把钱赚完，还会有谁愿意跟她来往，还有谁想跟着她干活？要知道，女人失去了大家的帮助，即使再有能力，也不可能有什么作为。

生活中，那些害怕吃亏，不肯把利益分给他人的女人，往往因为钱财而失去良好的人际关系。人生短短几十载，钱财虽多，到最后一分都带不走。聪明的女人明白，一味地贪财占利，拥有的钱财越多，内心也就越难满足，人生的烦恼就越多。冥冥之中，自有安排，女人与其为钱财伤神，不如活得逍遥自在一些。相信聪明的你，也已明白了这个道理。所以，做一个聪明的女人吧，从现在起，学会吃亏，不计较不抱怨钱财的得失，与周围的人建立良好关系，只有这样，才能被他人所关爱，拥有美好的生活！

不患得患失的女人才幸福

人们常说，人生在世不要总是患得患失，患得患失就会失去了生命原有的快乐与幸福。这里的患得患失就是指一味地担心得失，斤斤计较个人的得失。患得患失是人生的精神枷锁，是附在人身上的阴影，是浮躁的一个重要表现形式。

很多女人在开始创业时，虽然艰难，可下决心、做决定时很痛快，不会想那么多。但是当她有了一些成就之后，就变得犹豫不决、患得患失了。因为她以前囊中无物，当然无所谓得失，现在有一些基础了，就害怕失去这个失去那个。人在害怕失去的同时，又期望什么都得到，想要这个，想要那个，所以女人才痛苦，才会没有快乐和幸福。

其实，快乐只是一种心境，它不在遥远的国度，也不在别人的身边，而就在你的心里。人的生命中总是背负着许多已经获得而不愿失去的东西，还牵挂着那些没有获得而期望得到的东西。所以，人总是患得患失，而遍寻不到快乐与幸福的踪迹。

曾经有一个有钱人想到异乡他国去寻找人生的乐趣与幸福。然而，在他走之前，他又有些担心。原来他害怕走之后，家里的金银财宝被邻居霸占，被仆人偷盗。于是，他将这些金银财宝全部装在包袱里，背在身上，随后他出发了。他走啊走啊，走遍了名山大川，看遍了美景，却总感觉不到路途中的快乐。

一路上，他一直苦苦思考着该怎样才能得到真正的快乐，尽管这一路上他并不快乐。有一天，他实在太累了，就靠在一棵树下歇息。此时，他看到远处有一位衣衫褴褛的农夫朝这边走过来，时时还能听到农夫唱的山歌。等农夫走到跟前，这个有钱人就问农夫："我看你并不富裕，为什么如此高兴呢？你有什么秘诀吗"

农夫笑笑说："哪里有什么秘诀，快乐其实再简单不过了，只要你把背负的东西放下就可以了。"

这个有钱人茅塞顿开，心想：自己背着那么沉重的金银珠宝，腰都快被压弯了，住店怕偷，行路怕抢，整天忧心忡忡，惊魂不定，怎么能快乐得起来呢？于是，他放下行囊，把金银珠宝分发给过路的穷人。这样，不仅背上的重负没有了，而且还能看到人们感激的笑容——他终于成了一个快乐的人。

现实中，很多女人也和他一样，患得患失，整天为得失所忧，为得失所累，心里被得失纷扰得没有一丝安宁。她们整天心情忐忑、惴惴不安，根本体会不到生活的轻松与愉快。她们也会暗自问自己：为什么我活得这么辛苦?

很多时候，不是快乐和幸福离我们太远，而是我们根本不知道自己和快乐之间的距离；不是快乐太难，而是我们活得还不够简单。要得到快乐，其实再简单不过了，只要把背负的东西放下，不去患得患失，不去抱怨就可以了。实际上，得与失之间只有一线之隔，有得时必有失处，有失时必有得处，就像佛经所言：失就是得，得就是失。

其实，很多时候，不是我们没有而感到不快乐，去抱怨，而是因为我们拥有的很多，才害怕失去。我们渴求的很多，所以我们不断期望得到更多，但就是“害怕失去”和“渴望得到”成了我们人生中最大的包袱。人生就如同一次旅行，在漫长的旅途中，是背着沉重的行囊艰苦前行，还是卸去负担轻松前行，就看你的选择。活得轻松一些，简单一些，能够做到精神愉悦、心情平静，那便是找到了人生的真谛，活出了人生一大境界。

有时候，事物的本身并不能影响他人，人们只受对事物看法的影响。所以，面对“得”，我们不必窃喜，因为在得的同时你一定付出了很多；面对“失”，我们也不必去抱怨，或许我们无力改变什么，但是换个角度想一想，失去的同时我们一定也得到了其他的东西，关键在于我们是否改变了内心对待事物的态度。

在山村里曾经住着一位老者，由于住的地方离水井比较远，所以他每天早上都要往返去挑水。有一次，一个年轻人看到老者的桶在滴滴答答地漏水，就对老者说：“您那么辛苦挑了一担水，可是水桶在漏水，这样一来，还没等您走到家，水都快漏没了，您为什么不换个不漏水的桶呢?”老者听后，坦然一笑，说：“小伙子，没关系，你回头看看，我桶里漏的水不是都浇了这一路的花草吗？它们长得多好啊!”年轻人细想，真的是这样啊。这就是对待“得”与“失”的最高境界啊。

也许，平时人们总是习惯得到，不习惯失去。总是对自己还拥有的视而不见，只把目光放在那些已经失去的事物上。然后，就一味地后悔，不停地埋怨，给生活中留下不少伤感、痛苦与怨恨。女人如果希望自己的人生少一些痛苦，多一些快乐和幸福，就不要去抱怨个人的得失，而应该正确地对待得失，坦然地面对得失。

上官菲进入公司的时候，她身边的朋友都很羡慕她。因为这家公司是市区最大的一家广告公司，谁都知道那家公司的待遇很好，职员底薪就是5000元一个月。对于很多奋斗在这个城市的人来说，能够有机会进入一家大公司，享受优厚的待遇和每年的出国旅行，无疑是让人激动兴奋的。然而，此时的上官菲却显得很冷静。

消息传得很快，身边的朋友几乎都知道了。随后，朋友们吵着要上官菲请客吃饭，上官菲没有拒绝。吃饭的时候，朋友们似乎比上官菲还要高兴开心，而上官菲却表现得很淡定，和往常一样。朋友看她这样，就问她为什么。上官菲说：“这家公司的实力和优厚的待遇的确很吸引人，而且能进入这家公司 我也做了很大的努力。不过，那里也不是天堂，每月拿着六七千的工资让人羡慕，但自己付出的辛苦只有自己知道。在这里上班，每天加班到晚上十点是很正常的事，有付出才能有收获。”

经过几年的努力拼搏，上官菲在这个公司小有成就，她从一名普通的广告文案成为总策划。然而，让她的朋友感到意外的是，就在这个时候，她却辞职了。原因很简单，男友要去美国读书，她选择了陪读。对于她的选择，很多人都不解：事业前途光明，这时候却放弃，太可惜了！对此，上官菲也有她自己的认识：“失去这份工作固然有些不舍，但出国也是我人生的一个梦想，现在有这个机会，我希望能够到国外去看一看，增长自己的阅历。虽然我丢了一份工作，但我在国外的两三年可能会得到更多，我不后悔。”

我们看到，面对这样优厚待遇的工作，上官菲表现得很坦然，没有患得患失，更没有去抱怨谁。因为她知道自己得到的同时也意味着要付出比常人更多的辛苦；失去工作，面对不可预知的未来，上官菲也不觉得遗憾，她相信不同的生活能给自己带来不同的感受。做女人，的确需要这样一种平和的心态和坚定的信念。

世界上没有永恒，也没有绝对，有得有失，有失有得，这是规律。与浩瀚的历史长河相比，世间一切皆为短暂的一瞬，福兮祸所伏，祸兮福所倚。得意与失意，在人的一生中只是短短的一瞬。古今多少事，都付谈笑中。如果为得失而耿耿于怀，甚至无法自拔，那么你就永远也走不出“失”的阴影，也看不到“得”的危险，你的人生最终也只能与幸福擦肩而过。

聪明的女人要懂得知足常乐

古语说，知足才能常乐。在人世间，很多女人忙碌着，去追逐自己以为光彩夺目的为之期盼的东西，但是很多女人经历过繁华才知道，那些看起来的光彩夺目其实都只是表面的东西，从来不可能带给你真正的幸福和满足。

人的欲望是无止境的，生活中往往不知足，经常会生发很多怨言，很多争端，所以就没有快乐。古往今来，人们一直在思考一个问题：做人这么辛苦，为什么人人都想活着，人人都想长生不老。的确，生命的意义究竟是什么？许多人苦苦追寻，却依然糊里糊涂。

一个聪明的女人是懂得知足的女人，而懂得知足的女人肯定也是一个聪明的女人。懂得知足的女人心理是平衡的，她的表情是沉静的，她不会为了那些浮华名利而失去自己的内心。她懂得什么是最珍贵的，绝对不会在物质诱惑面前丧失了良知和真情；懂得知足的女人是最幸福的，因为她知道，如何用自己的良好心态去经营属于自己的幸福。

其实，真正的满足是来自内心的满足。外界的物质和名利永远无法填补你内心的空虚。而恰恰相反，只要你内心觉得满足和自由，那么即使外界的物质再贫困，环境再恶劣，你的精神也是愉快的。

19世纪法国数学家庞加莱提出一个大胆的猜想："任何一个封闭的三维空间中，只要在这个空间中的所有封闭曲线都可以收缩成一点，那么，这个空间就一定是三维圆球。"这也就是称之为数学界七大难题之一的"庞加莱猜想"。

为了能够攀登这一数学高峰，美国麻省克雷数学研究所甚至还为这个猜想专门设立一个奖项，以激励更多的数学家来解决这一数学难题，寻求答案。面对这样挑战和如此丰厚的奖励，全球数学家们都行动了起来，全力破解这个难题。然而，一个世纪过去了，依然没有人能够破解这个让世界数学界为难的猜想。

直到2003年，这个悬而未解的问题，终被一个名为格里高里·佩雷尔曼的人给破解了。一个名不见经传的数学研究员解开这一世界级难题，这让许多人感到不可思议。然而，更让人不可思议的是，奖金和荣誉他一一拒绝，只丢下了一句"我无须什么来证明我的成就"后，这位数学家便选择了隐居。

佩雷尔曼住在一个简陋的棚舍中，旁边就是一个贫民窟，里面住着一大群光棍。原本平静的日子随着他的出名而被打乱，不断地有年轻貌美的女人慕名而来。为此，他感到烦恼，可是这一切却让贫民窟的光棍们羡慕不已。光棍们不由得好奇起来，对于这么一个看上去比自己还邋遢的男人，为什么会有那么多的女人主动投怀送抱？光棍们前来向他讨教"秘籍"。弄明白大伙的来意后，佩雷尔曼指了指天上的月亮，告诉大家："谁能追上它，我将告诉他。"于是，所有的光棍们竭力向前跑去，可是事与愿违，他们跑得越快，月亮好像也加快步伐，最终还是把所有人远远甩在后面。后来，大伙才知道他们被佩雷尔曼给耍了。大家很愤怒，打算揍他一顿。于是，佩雷尔曼让大家慢慢向前走走看再说。奇迹出现了，没过多久，原本远远在前的月亮，此刻正悄悄地跟着他们走着呢，可是大家还是不明白他这样做到底是什么意思。

后来，这位天才数学家告诉大家："世界上的好多事情都是这样，你越是求之心切，可能目标会离你越来越远。相反，当你心无旁骛地赶着自己的路时，它却紧紧地追随着你。你要学会知足，只有这样，你才能明白其中的道理"。

其实只要一个人懂得知足，懂得珍惜，那么即使一点点的物质，他也会觉得满足，觉得幸福。这个人的心灵是自由的，因为他的满足和幸福感不是来自于别人，而是他自己。但是如果一个人贪得无厌，永不满足，那么即使给他全世界的金银珠宝，他的心灵仍然是空虚、缺憾的，他永不知足，不惜泯灭人起码的良知和尊严，最后会付出惨痛的代价。

人最重要的就是要适可而止，懂得适时地收敛自己的欲望。钱是永远赚不完的，但是我们的生命和精力是有限的。如果人不停地追逐财富，到头来没有时间和精力去享受，那么我们得到金钱还有什么意义呢？因此，懂得知足，懂得珍惜眼前，是一个女人明智的选择。

人生在世，不可能对所有事物都不在乎。然而，现实往往就是这样，女人越是患得患失，越是会失败。于是，女人在得失之间，变得过于执着，过于计较，不懂得知足，就会让自己身心俱累，同时还会扭曲自己的心态。

李冰是某知名高校毕业的大学生，在学校的时候，和一个同校的男孩恋爱了，两个人的感情非常好。毕业后，他们留在了同一个城市，共同生活。他们两个人都是大学刚毕业的学生，薪水都不是很高，还要考虑到照顾双方的父母，存钱买房子。因此，他们的生活过得一直都很节俭。李冰从来舍不得买一件名牌衣服，一瓶高级化妆品，甚至路过自己喜欢的冰激凌店也舍不得买一个。起初，她觉得这样的生活苦中有甜，也不错。但是随着时间的逝去，眼看着当初和她一起毕业的同学有几个找了有钱的男朋友，住进了别墅，开着名牌跑车，她感到有些不平衡了。每次那些同学在她面前炫耀的时候，她就觉得自己很没面子。但是她的男朋友始终还是个小职员，无法满足她的各种要求。

后来，一次偶然的应酬中，一个房地产的老板对她似乎很感兴趣，几次邀请她出去。李冰终于经不起对优越物质的渴望，答应了这个老板的要求。就这样，她得到了她想要的一切。不久，李冰和男朋友分了手，成了这个老板的“专职情人”。这段时间她开着名车，有花不完的钱。但是她的身份特殊，身边没有了一个朋友。她即使开着跑车，吃着名贵的西餐，但是在这些享受过后，她仍然觉得很空虚。有一天，这个老板因为涉嫌非法交易被抓了。她的房子，她的车，她所有的财产都被冻结和扣留了。这个时候，她才发现，自己已经一无所有。

很多女性对这个世界有很高的欲望和要求，她们认为自己生来似乎就是为了要得到富贵的生活，拥有数不尽的金银珠宝，享用不尽的山珍海味。她们为了得到这些，用自己的青春乃至自由去做交换。但是她们换来的往往是一场虚空，得到的是惨痛的代价。这些女性，并不明白心灵的满足和物质的多寡其实并没有关系，她们更不懂得珍惜自己已经拥有的东西。所以，不仅仅得不到自己想要的，连自己已经拥有的都失去了。

其实，生活中的“拥有”是很平常的，而“失去”也是很平常的。女人如果因为害怕失去而紧紧抓住不放，最终只会加快失去的速度。聪明的女人懂得，只有放下，懂得知足常乐，才能更好地拥有，生命也正是在知足中得以重放光彩。女人想要做到这一点，需要有一颗淡泊名利之心，在待人接物中，女人能够以一种平和的心态来对待一切，只有这样才能在得失之中保持真我本色，才能够做到常乐。

女人要记住，无论你拥有了什么，拥有了多少，都要懂得珍惜，懂得满足。生命中，有得也就有失，只有这样才能生生不息，对于金钱、名誉、权利、感情，这些与生命相比，都显得无足轻重，属于你的终归会来，不属于你的，即使现在拥有也终将离你而去。女人想要成就大事，就要学会淡泊名利，懂得知足常乐。如果能够做到这点，生活自然会还女人不一样的精彩。

女人不要因一时得失而抱怨

女人的一生中，因为个人的阅历、经验有限，自然也就可能会吃很多亏，利益难免会受到损失。面对这些一时的失去，女人该用什么样的姿态去面对呢？先让我们看看古人给我们树立的榜样。

西汉时期，有位叫疏广的人，曾担任太傅，当过皇太子的老师。其身份与地位，可谓极其显赫。然而，他却能深受百姓的爱戴。念及为朝廷操劳半生，他告老还乡时，皇帝与太子都赐给他许多金银财物。

大家原本以为，他肯定会回家置办田产，以享晚年。令人没有想到的是，疏广回到家乡后，把自己的钱财都布施给那些有困难的邻里。看到他的善举，也有好心人劝他留下一些给后世的儿孙。听了大家的劝告，疏广说道："我已经老了，哪里用得了这么多钱啊。这些原本都是皇上赏赐来的，取之于民，当然还得用之于民。至于儿孙，他们自有自己的生活。如果他们有出息，根本就不需要我给他们留钱财。如果没有出息的话，我留给他们越多，往往是害他们越深。"听了他的话，在场的人无不佩服。从那儿以后，大伙对老人更是关爱有加，如果有什么需要帮助的，邻里之间都会及时赶来帮助他。正是因为疏广的仗义疏财，让周围的人更加爱戴他。

这个故事告诉女性，与人相处，不要计较和抱怨一时的得失，有时可以主动把利益让给他人。虽然，从短暂时间来看你把利益给了别人，自己的收益可能变少了，然而，你却能够得到比钱财更重要的东西，那就是人心，也就是大家的关爱与支持。聪明的女人懂得，唯有不计较一时的得失，才能换得良好的人缘，获得轻松快乐的人生。

现实中，有些女人发现自己的利益受损时，总是斤斤计较自己的得失，对他人的做法始终无法释怀，只会抱怨，最后让自己陷入无尽的烦恼与忧愁中。因而，对于聪明的女人来说，不抱怨一时得失也是一种收获。

一时的失去有时可以增长女性的见识，获得智慧，然而并非所有的女人都能够认识到这一点，有许多女人只盯着自身的利益，为了不吃亏，不惜上演你争我夺的人间闹剧。岂不知，吃亏与占便宜，正如福与祸一样，是相互依存和相互转化的关系。有时，表面看来是吃亏了，实际上，女人不仅得到智慧，还得到了好人缘。相反，那些占尽便宜的女人很可能会在下次占便宜中吃更大的亏，同时，还为自己留下骂名，甚至有人因为贪图小便宜而毁了自己一生，这就是我们所说的“常在河边走，哪能不湿鞋”。孰轻孰重，相信每一个聪明的女人都能明白其中的道理。

一个聪明的女人懂得，吃亏并不可怕，可怕的是吃亏以后却没能从中总结出经验教训，自然也就没有进步。这样的话，就是吃再多的亏也没有用。聪明的女人要做到不怕吃亏，方能从中得到更多成功的经验与教训，人生才会变得更加完善。因而，从现在起，做一个聪明的女人，不要过于计较眼前的得与失，让自己拥有更多的收获，不要让自己的心灵因惧怕吃亏而失去成长、成熟的机会。

社会不可能是绝对公平的，对于女人也是一样。女人活一辈子，可能会遇到许许多多不公平的现象或事情，有时难免会吃亏。然而因为一次吃亏就心智大乱、患得患失的话，失去的肯定会更多。相反，女人如果能够调整自己的心态，不畏得失，即使吃亏也毫不吝啬自己的付出，只要能够坚持下去，女人所吃的亏，绝对会为自己带来一定利益。如果你对此有所怀疑的话，相信看了下面的事例，你也许会改变看法。

张芳是一家会议公司的行政助理，说是行政助理，其实，明白的人知道，刚做行政助理，干的多是打杂的活。如负责采购办公用品，安排各办公室的值日、联系维修人员等。有时候如果其他部门活多的话，领导还会把她借去充人手干苦力。

前段时间，由于公司任务调整，市场部数据录入的工作忙不过来，领导便调她过去帮几天忙。为了赶任务，大家都加班加点。对于市场部的员工来说，她们加班有加班费，即便是这样，忙碌了一天，谁也是都想着早点回家啊。所以，后来的几天里，只要一提到加班，市场部的人就特郁闷，时不时发牢骚。而张芳却没有，她觉得这是一个锻炼和沟通的机会，因此只要有需要她的地方她都会赶去帮忙。刚开始，领导还会过来客气几句，让她有事就先走。然而，张芳却说大家都在加班，回去早了也没有什么事情，还不如在办公室多忙一会，早点把工作完成。经过大伙的共同努力，任务终于完成了。然而，发工资时，市场部的人员都拿到加班工资，而张芳只是去帮忙，并没有加班费，工资也没有什么变化，但是她并没有抱怨。

后来的工作中，只要老板有什么工作或是调动安排，她仍然满口答应。尽管有时老板也会给她安排一些很吃力的工作，可她总是毫无怨言，都坚持着做了下来，也没有借口不会做而逃避。做这些工作，张芳并没有觉得有什么过分的地方，当别人替她打抱不平的时候，她会微微一笑，告诉对方："我这个人闲着就着急，反正多做点活又不会少什么，就只当是减肥了。"听了她的话，也有一些好事的人在背后说她傻。经过半年多的努力，她已经掌握了许多知识和技能，现在把她调到哪一个部门都可以独当一面。

金融危机让张芳所在的公司也受到影响。公司要裁员，人人自危。

许多女同事纷纷使出自己的招数讨老板欢心，而张芳却仍然做她该做的事情。结果出来了，出乎大家意料的是，看似没有任何实力的张芳并没有被裁掉，没过几天，老板对公司的机构进行了一番改革，并任命张芳为人事部主任。

我们知道，张芳名为行政助理，实际上就是干一些打杂的工作，还得随时听从老板调遣，被派往其他部门加班。但是，张芳并没有因一时的得失而抱怨，而是任劳任怨。表面看来，她做了一些分外的工作，又没有得到报酬，很吃亏，其实张芳在任劳任怨的工作中提升了工作技能。在工作中，她还学到了不少有用的东西，并且在与同事的接触中，与大家建立起良好的关系，所以才能在后来的裁员中留下来，并被提升为人事部主任。张芳平时付出自己的努力，最后能获得老板和同事的认同，得到提升。试问一下，张芳所得到的与失去的孰多孰少？因而，做一个聪明的女人就要像张芳一样，不计得失，敢于付出，才能有所收获。

女人要懂得这样的一个道理：不因一时的得与失而判断事物的好与坏，也不要因一时得失而抱怨。有许多女性看事物只看表面，见有好处的都争着做，看到没利可图的又相互推卸。而聪明的女人明白，看似占便宜，未必真便宜，女人唯有不怕吃亏，勇于吃亏，才可能得到真便宜。所以，做聪明的女人，要懂得不畏得失，勇于付出，才能收获更多，取得让人羡慕的成就。

学会放下，以平常心面对得失

女人的一生，不可避免地会遇到许多烦恼与得失。尤其是现代女性，生活节奏加快，生活压力不小，有的女人感到身心疲惫，稍微遇到一些难题就会产生绝望心理。而这些往往都是由于女性的得失心太重造成的，女人若能学会放下，保持平常心，就不会心生烦恼，整日被忧愁所累。所以，女人想要拥有自在的心情，就要懂得用平常心去看待周围的一切，这样，一切烦恼都会自行消失。

当今社会，物欲横流，很多女性都抵挡不了诱惑，有时为了满足自己的欲望，她们很难放下。当她们遭遇失意时，往往更容易陷入思想困境中去。其实，人生原本充满了许多不如意，女人如果过于追求完美，反倒会失去更多的美好。所以，聪明的女人懂得放下心中的完美，用平常心看待人生中的得失，这样就能够享受生活的快乐。

曾经有这样一个美丽的女孩，她有一个很爱她的男朋友，两人相爱了三年。经过双方努力，打算下个月就结婚。然而，天有不测风云，一个雪天的下午，男友在开车去接她下班的途中，不幸出了车祸，当场死亡。这个消息犹如晴天霹雳，当她得知这个噩耗后，险些晕倒过去。她痛苦万分，甚至心中还充满了自责和内疚。她想如果不是让他来接她下班的话，男友就不会出车祸了，她越来越觉得是自己导致了男友的死亡。

就这样，尽管男友离去一年了，她仍日夜思念着他。每次只要想起男友，她都会拿出男友送她的鹅黄色的套装，看着它她仿佛依然能感觉到他的存在。尤其是这套套装上衣上的五粒水晶心形纽扣，是她和男友爱情的见证。这套衣服她一直珍爱有加，任谁都不能碰触。可是，有一天，她还是不小心弄丢了一颗纽扣，她为此找遍了房间的每一个角落，却依然没见踪影。她打算再去买同样的纽扣回来配上，她跑遍所居住城市大大小小所有的商店，都没有买到一颗相同的纽扣。

母亲看到她着急的样子，劝她不如舍弃其他的四颗扣子，另外买五粒新扣子。她听从母亲的建议，选了五粒造型独特的扣子，并亲手缝在这件衣服上。令人惊奇的是，那套衣服在新扣子的点缀下，显得更加端庄高贵。看着失而复得的美丽，女孩终于醒悟了，爱情就如这几枚扣子，如果缺失了，与其守着残缺的，倒不如主动放下，才能得到更好的。她想明白了，她的心也从情感的阴影中走了出来，很快便获得新的幸福生活。

女人想要获得幸福并不难，只要对他人宽容些，对自己宽容些，对生活宽容些，你会发现，幸福就藏在你自己的心里。聪明的女人能够看透人世间的得与失，看轻人世间的成与败，更能看淡人世间的名与利，方能做到宠辱不惊。

所以，女人遇到意想不到的事情时，不妨学会放下心中的执念，尝试着用平常心看开一些，经历之后，你会发现生活依然可以美好如初。有了平常心我们根本就不会哭泣，因为我们知道，世界上不管什么东西都不是永恒的，即便我们对它们有很多留恋，也不能阻止它的逝去。

其实，从某个角度上看，人生就是一个失与得的循环过程，人生的诸多际遇皆是如此。面对那些失败，面对那些不如意，如果女人敢于尝试，勇于舍弃，凡事能多尝试，你会发现生命中还有更多美好的事情在等待着你去努力，你根本没有必要为那些已成事实的过去痛苦与后悔。

生活在当今社会，女人如果能够从容面对人生，心灵自会云淡风轻，即使生活风起云涌，内心却依然可以保持波澜不惊。这里的放下并不等同于放弃，真正懂得放下的女人，往往更容易成功。

王璐，曾经是中国国际广播电台的一名节目主持人，相信很多人对她都不陌生。现在，她已经成为北京FM91.5频道的总监，主管英语中心下辖的对国内EzFM的全面运营工作，以及国外所有调频中中波落地频率的内容和团队运营工作。

作为20世纪80年代后期的一名大学毕业生，在当时她完全有更多更好的选择，但是，她却选择去广播电台。在当时，很多人都是不赞成她这样做的。通过自己的努力，她顺利地通过了面试。可是，接下来的工作并没有想象的顺利，她也曾对工作感到迷茫。面对不如意，她没有放弃，而是花费大量的时间去适应工作。尽管没什么突出的成绩，她依然坚持不懈地努力着。

后来，在她的不懈努力下，她顺利地成为一名电台主播。与电台前台熠熠发光的角色相比，她更喜欢从事后台的技术工作。正是这样的经历，让她有了比一般主播更多的收获。

不久，她就被派往香港，主持一档叫“欢乐调频”的节目。当她开始与外籍搭档合作时，完全被这种即兴发挥、不带预设身段和情绪的临场对话节目弄得不知所措。但这并没难倒她，很快她就适应了这种工作方式。曾有一段时间，她身兼四职，既得到了锻炼，又积累了经验。

然而，王璐并不甘心这样的日子，当她把工作做得红红火火时，她又把目光放在学习深造上。经过深思熟虑，她毅然放弃了工作，决定去英国深造。学成归来后，她再次干起了老本行。

王璐曾说：“只要每一刻都非常投入地工作，你所走过的每一步都会非常神奇地在将来回报你。”的确，她所走的每一步并没有经过精心设计，然而，后来却总能帮助她走向更高的境界中去。在她看来，一个人只要学会放下，用平和的心态去对待每一刻，就能够发现其中的快乐与意义，人生自然也就会变得有价值。

的确，在王璐看来，工作的重与轻不重要，重要的是，面对人生女人应该走好每一步，用积极的心态去认真对待每一件事情，那么，人生自然就能达到理想的状态。由此可见，遇到困难时，女人能够不去抱怨，放下计较、得失之心，拥有一颗平常心，这对女人的成功是非常重要的。

现实生活中，有一些女性往往会被一些细微的事情所累，其实这正是因为抱怨、计较太多。要想拥有舒适的心情，就要学会放下，学会用平常心看待生活中的得失，只有这样，女人才能让自己更宽容，更睿智。当然，这里的放下并不是让女人放弃理想、放弃心中的梦想，而是教导女人要将自己的得失心和执着心统统放下，以积极的、热情的、认真的、负责的态度去面对人生。女人如果能够以一颗平常心去面对周围的人与事，那么，人生就会拥有拾级而上的从容和闲庭信步的淡然。

女人唯有学会放下，生命才有可能变得更完美；唯有学会放下，才可能真正做到超然无我；唯有收获一份平常心，才有可能获得更大的进步。做一个聪明的女人，从现在起，放下不现实的完美主义，接受生活中的不完美，用一颗平常心去面对人生的得与失、成与败，你会发现生活光彩依旧。

女人不要抱怨过去的得失

佛说，苦是人生的实相。现实中，女人面对选择的时候，总会感到害怕……总担心一步走错就会全盘皆输，也总担心自己的选择会失去更多，于是她们变得犹豫不决。然而，她们不知道，就在这种犹豫与迟疑中，她们已经错过了人生旅途中的许多机会，错过了很多通往幸福的小路。等到青春不再，韶华已逝，体力和精力不如从前，生活比过去多了很多负担，她们才感叹：若是当初……该多好！可惜，错过了就无法回头。

20年前，一个年轻人决定到外面闯荡，立志干出属于自己的一番事业。走之前，他去拜访了族中的一位年长者。当时，老者听说年轻人要走出大山，心里备感欣慰，捋着胡子说："人生的秘诀只有六个字，今天我先告诉你三个字：不要怕，这足以让你受用前半生了。"拜别老者后，年轻人出发了。这中间，山里从没有收到他的消息，慢慢地他也被人们淡忘了。

岁月如梭，等到年轻人再次回来时，已是20年后。这时，曾经的年轻小伙子也已步入中年。从他的脸上不难看出，他在外面吃了很多苦，现在已经有所成就。归程漫漫，回到家乡后，他首先就想到了那位老者，于是他又去拜访那位长辈。可惜的是，20年过去，老者已经离世了。村里人将老者生前留给他的一封信交给他。信上面写着这样一段话：孩子，你离开家乡的时候，我只告诉了你人生秘诀的前三个字，看来等不到你回来的那天了。现在告诉你人生秘诀的后三个字，那就是：不要悔。

年轻人看完老者说的那六个字的人生秘诀，深有所得。仔细想想，其实这六个字适用于每一个人。前半生，不要怕；后半生，不要悔。年轻的时候，无论遇到了什么事，都不必害怕，也不要去抱怨。因为年轻就是资本，哪怕是错了、失败了，也可以从头再来；到了后半生，无论是功成名就，还是默默无闻，无论是大红大紫，还是一介草民，都不要后悔。只要活着，昨天就只是个符号，尘封过去悲与苦，风干昨天乐与伤，把今天安排好，不怕明天的到来。这是一种乐观的生存方式，也是一种淡看人生得失的超然心态。

看看这就会知道，女人之所以会痛苦，是因为害怕的事情太多，怕失去、怕伤害、怕没有金钱、怕没有工作……因为害怕，所以活在不安的恐惧中。女人之所以会感受不到幸福，是因为后悔的事情太多，后悔自己爱错了人，后悔自己选错了职业方向，后悔自己不该做某一个决定……这些后悔像幽灵般缠绕着她们，让她们难以解脱。所以，女人应该认真体悟一下那六个字的人生秘诀：不要怕，不要悔。或许，当你用这样一种方式生活的时候，你会发现人生永远都是精彩的，每段路程都是值得纪念和回味的。

曾有位女士，得了一种奇怪的病，就是经常感到饥饿异常，即使是刚刚吃完东西，她还是会觉得饿。而且她无论吃下去多少东西，都会在很短的时间内排泄或者呕吐，随后，她再继续吃。为了治好这个病，她到处求医，但是都没有结果，医院也查不出她的身体有任何生理异常。这让她很苦恼，她时常抱怨命运的不公。

后来，在求医的过程中，有人建议她去看看心理医生。当她来到心理医生面前，说了自己的症状后，心理医生问她，“你是从什么时候开始出现这种情况的呢?”这个女士回答，大概十年前。医生问她当时有没有发生什么特别的事情。女士回答，“当年我刚和我前夫离婚。”心理医生就要求她描述一下自己的前夫。但是心理医生发现，每当提及她的前夫，女士的情绪突然间就激动起来，而且眼里充满了愤恨，说：“我的前夫是一个最无耻最卑鄙的人，简直和禽兽没有什么区别。我和他结婚10年，从他是一个穷司机开始，无怨无悔地跟着他。后来我们俩苦心经营，开起了一个运输队，在北京和周边省市跑运输。我一如既往地支持他，把自己的全部积蓄都拿来帮助他，还负责车队的各种杂物管理工作。

但是好景不长，车队刚刚走上正轨，开始赚钱的时候，他就露出了狐狸尾巴，开始在外面找女人，吃喝嫖赌。我劝了多少次都没有用，他竟然还要和我离婚。我怎么能拱手把自己经营起来的事业让给别的女人，于是我死活不离。他竟然更无耻，叫了一个女人回来，还让那个女人睡在我们的床上。”

听完这些，心理医生似乎知道了她的症结所在，思考了一会，他对女士说，“那么后来你同意离婚了。”

女士继续说：“是的，我同意了，但是我要求财产平均分配。但是没想到，这次前夫竟然更卑鄙，他买通别人转移了财产，让我一分钱都拿不到。”说到这里，女士再也控制不住自己的情绪，竟哭了出来。这个心理医生告诉她，之所以出现这种经常饥饿的现象，是因为她在借此转化她对前夫的愤怒。因为她始终无法释怀，无法正视过去的得失，但是自己又无力改变，所以她的中枢神经就在强迫她通过吃东西来达到转移愤恨的目的。心理医生最后又对她说，要治好你的病也很简单，那就是彻底忘掉你的前夫，不要再去抱怨过去的得失，重新开始新的生活。

我们都知道，过去的已经过去了，对现在的你来说，悲也好，喜也罢，都没有了意义。你最关键的是要把握住现在。这个时候需要女人的勇气，更需要女人的镇定和冷静。如果发生了不幸，悲痛是要有的，可是我们要面对以后的生活，不能将自己永远陷于悲痛之中。我们要依靠自己的力量从不幸和悲痛当中走出来，而不是停留在悲痛之中自怨自艾，抱怨命运。

女人尤其要知道，这个世界上没有多少时间去让你懊悔和悲痛。我们不能因为自己不舍、不愿，就拒绝接受现实，终日生活在对过去的追忆和悔恨当中，不愿开始新的生活。如果你错过了春天，那么你就可能失去秋天。很多事物都是相辅相成的，我们根本没有可能去改变，但是我们却可以及时调整自己的心态。让自己保持积极乐观，向新的目标进发，取得新的成功。

很多女人都有一个毛病，那就是不愿放弃已经拥有的东西，不愿意开拓新的天地。实际上，有些东西看起来很值得珍惜，但它却是阻碍你前进的绊脚石。当新的机会到来时，女人应该勇敢地放弃已经获得的东西，这不是功亏一篑，也不是半途而废，而是一种新的开始。如果你勇敢地抛弃手里的东西，你多半会惊讶地发现，那只是一把遮挡住你视线的伞，当你丢掉它，你看到的是无比广阔、无比壮丽的图景。

女人的一生会经历很多，有快乐、有悲哀、有惊喜、有失望，但一切过去之后，悔之无益。人能够活着往前走总是美好的，何必计较过去，抱怨过去的得失？快乐地享受每一天，珍惜自己当下的拥有，就是最大的幸福。女人要保持一颗平常心，对待你身上所发生的不幸，不要再在过去的废墟上哀痛不已，而要怀着平静和谐的心态，去开创未来新的幸福人生。

女人不要为打翻的牛奶而哭泣

我们说作为每一个人，其实只要你愿意，你永远可以从新开始。你永远可以决定自己从什么境地走出来，走进一个新的天地。但是如果我们让过于负面的情绪制约了我们，那我们的选择就是多了一道障碍。

桑德斯先生说，他在布兰德医生那里学到了最宝贵的一课。他说：“我十几岁的时候，已经开始心生烦恼了，我总因做错的事懊悔。考试一交完考卷，我就要啃手指，睡不安稳，担心考试通不过。我总想着已经完成的事，又总后悔当时没有用另外一种更好的方法，说过的话总是围绕耳旁，后悔当时没有换一种更好的说法。

“一天早上，在实验教室上课，我们老师的桌上放着一瓶牛奶，我们看着牛奶，不知道老师葫芦里卖的什么药。突然，老师站起身来，把奶瓶一下推入水槽，并大声说：‘不要为打翻的牛奶哭泣！’

“他让大家围在水槽边看着那些碎片，说：‘看清楚！希望你们牢记本课。牛奶流走了，你只能看到它流入水管，我们无法再收回这些牛奶。如果我们能注意保护，也许可以保住牛奶。可是已经太迟了——我们只能忘了它，继续做另外的事。’”

桑德斯说：“这次看似不经意的示范，深深印在我的脑海里。这给我带来的实际影响比高中三年的任何科目更有教育意义。它教导我提前作好防范准备。如果一旦牛奶一去不返，就应该彻底忘了它。”

牛奶已经打翻了，哭又有何用呢？大不了重新开始嘛！有那么难吗？女人需要爱更需要快乐，但快乐不是拥有的多而是计较的少。女人要明白，事情已经发生，牛奶已经打翻，就不要为已经发生的事情难过，不要为打翻的牛奶而哭泣。这是因为不管内心多么不舍，牛奶都已经被打翻了，不可能再有挽回的余地，我们与其去为打翻的牛奶可惜难过，不如重新为自己倒一杯牛奶。同样，我们的心态也是如此，发生的事情已经发生了，不管我们内心多么懊悔，它都不可能逆转，我们不如调整心态，重新开始。

其实，再笨的人都知道，世事已逝，再也无法改变，即使过去三分钟的事我们也无力改变，可是多数人都会因此烦恼。确切地说，为三分钟前发生的事进行改善还是来得及的，但已发生的那件事本身是再也改变不了的。

在2008年四川发生的“5·12”汶川大地震当，有一个年轻的母亲，她在地震来临前，正在给自己一岁的儿子洗澡。但是地震的到来，将她们母子俩都埋在了废墟下，虽然她竭尽全力去保护自己的孩子，但是因为体力不支，这个母亲还是没能坚持住。等到搜救人员到来时，她的儿子已经因为缺氧而窒息死亡，而她自己，因为挣扎太厉害，下肢被砸断。经过抢救，她还是失去了一条腿。从一个幸福的妈妈到一个只剩下一条腿的残疾人，这位母亲的悲痛心情可想而知。但是她却没有在悲痛里沉默多久，很快，她接受了现实，她不仅积极配合医生治疗，并且为了鼓舞身边的病友，她参加了残疾人舞蹈团，她想通过自己的舞蹈，给身边的人勇气和信心，鼓励他们从地震伤亡的悲痛当中重新站起来。当人们看到她在舞台上尽情地跳舞，艰难地做出每一个动作的时候，人们都被她坚强的精神感动了。事后，有记者问她，是什么能让你那么快从悲痛当中解脱，开始自己新的人生呢？这个女士说，“事情已经发生了，我们再悲痛也没有用。其实我比起那些死亡的人已经很幸运了，至少我还保住了性命。我要告诉大家，我们现在不再需要过多地去哀悼死亡的人，而是应该考虑如何更好地对待活着的人。”

为打翻的牛奶哭泣，可以说是目光狭隘的一种表现，因为她看不到将来会有更多的牛奶，而只是为了过去的那杯牛奶难过。其实，如果你能够从过去走出来，去寻找新的办法和道路，那么你将得到的是更多的牛奶。

“回顾逝去的事情毫无裨益，它只能使人加速衰老及引发胃溃疡。有一次感恩节，丹普西先生和他的朋友讲了如何与重量级拳王宝座擦肩而过的事。当然，对他来说，这么大的打击很伤自尊。比赛中，我忽然觉得自己开始衰退了……到第十回合，我虽然还能坚持，但也只能如此了。”

“我的脸撕裂般痛苦，视线模糊……迷糊中我看到对手赢得了比赛……世界拳王的称号已经归人所有。穿过人群回到休息室时，有人握着我的手安慰我，有人眼含泪水为我遗憾。”

“一年后，当我再次与那位敌手狭路相逢对战时，我知道我无力挽回败局了，我的好时光已逝去。我很难控制自己不为此难过，但我对自己说：余下的时间不该为此烦忧，尽管这个打击不小，但我不会被它击倒。”

丹普西并没有为打翻的牛奶而哭泣，他接受过去的失败，并完全集中思想在计划未来上。他开始经营生意，先在百老汇开了一家餐厅，接着又在五十七街开了一家旅馆。他推行获奖比赛，并举办拳击展览，在忙于这些有意义的事情时，他没有时间和心思去为过去烦恼。杰克·丹普西说：“我的生活比当拳王的生活还丰富。”

丹普西说他读书不多，因此他没想到已无意中运用了莎士比亚的处世哲理：“已逝的事情，聪明人不会放在心上作无谓的忧伤，积极想办法减轻伤害才是正事。”

人生是短暂的、宝贵的，要做的事情很多，完全没有必要在无法挽回的事情上浪费时间。有斤斤计较习惯的女人应该觉醒了，知道自己该干和不该干什么，知道什么事情应该认真，什么事情不必斤斤计较。如果明确了有些事情可以不必认真，可以敷衍了事，那么就能节约出更多的时间和精力，认真地去做该做的事，而成功的机会和希望也会大大增加。与此同时，由于自己变得宽宏大量，人们就会乐于同你交往，自己的朋友就会越来越多，你获得的牛奶也就更多。

牛奶已经打翻，事情既已不可挽回，那就别再为它伤脑筋好了。错误在人生中随时随处都有可能发生，有些错误是可以改正，可以挽救，而有些失误就不可挽回。面对人生中改变不了的事实，聪明的女人自会淡然处之。

其实，人生的痛苦常常就是为“打翻了的牛奶”哭泣，常留心间，挥之不去。本来从容、豁达，行之不难，不是什么大智慧，现在却成了社会的稀有之物，成了大智慧，真让人三思。如果你遇事斤斤计较不能坦然面对，或抱怨或生气，最终受伤害的只有你自己。要知道，拥有包容之心的女人，才会更加幸福。

面对得失，女人要拿得起放得下

每个人都经历过这样的一个过程，得到与失去。成功与失败总是交错地出现在我们人生的各个阶段。得到的时候，不矫饰；失去的时候，不言败。不仅要经得起成功的洗礼，更要受得住失败的考验。所以，女人在得失成败之间，要有拿得起、放得下的精神。

法国哲学家、思想家蒙田说："今天的放弃，正是为了明天的得到。"放下虚荣，赢得从容的人生；放下妒忌，赢得幸福的人生；放下恐惧，赢得勇猛的人生，放下冷淡，赢得热情的人生；放下拖延，赢得勤快的人生；放下猜疑，赢得博大的人生；放下犹豫，赢得果断的一生；放下浮躁，赢得淡泊的一生。

执着是强者的姿态，放弃是智者的潇洒；拿得起是不懈的拼搏，放得下是无限的洒脱。

漫漫人生路，不同的阶段有不同的责任。当轮到抉择的时候，就要敢于排除万难，敢于放弃，只有这样，才会找到人生的出路。

现实中很多人每天忙得不亦乐乎，一天下来却仍是一事无成。这是因为他不分青红皂白，所有的事一起做，不会放弃次要的，紧抓重要的，结果只能是分散了精力，徒劳无功。

管理学中有一个"二八法则"，它指的是在任何一组东西中，最重要的通常只占其中的20%，而其余80%尽管占了大多数，却是次要的。美国企业家威廉·穆尔创业之初仅仅是一个格利登公司的油漆销售员。后来他根据销售业绩画了一份销售图表，经过仔细分析，他发现自己80%的受益来自20%的客户，但是他却对所有的客户花费了同样的时间。此后穆尔从未放弃这一原则，这使他最终成为了凯利-穆尔油漆公司的主席。

人的一生犹如乘坐在火车上的长途旅行，只要是到了站点就必须下车，一旦错过将永远失去机会，将会一辈子痛苦和遗憾。所以当面临人生的选择之时，该放弃的就要果断放弃，不能因一时的留恋不舍而与千载难逢的机会失之交臂。学会了放弃，就会保持一种安然祥和的心态，生活便不再浮躁，将会变得充实；学会了放弃，才能分辨清楚自己下一步该如何走，为自己的人生规划制定切实可行的蓝图。

有一个年轻人很要强，他希望自己在任何方面都出类拔萃，他的理想是将来成为一名大学问家。数年过后，他将自己的精力分散在各个方面，尽管都有所收获，但是自己的学问却不见增长。为此他整天郁郁寡欢，不知出路在何方。

有一次，他有幸去向一位大师请教。当他把自己的现状告诉大师后，大师便要求带他去爬山。那座山的山顶风景十分迷人，山上的石头更是形状各异，晶莹可爱。大师让年轻人背上一个书包，只要见到自己喜欢的石头，就让他放进包里。当他们爬到半山腰时，包里的石头已经装得满满的。这时年轻人感觉筋疲力尽，无力再爬了。本来年轻人还想领略山顶的美景，体会爬山的快乐，这时他的任何欲望都被打消了。

这时大师劝他将包里的石头拿出来，停下来休息片刻。一会儿他们再接再厉，最终爬上了山顶。事后年轻人茅塞顿开，知道了自己苦恼的根源所在，随后的时间里，他一门心思研究一种学问，他的学问果然提高很快。

成功不仅钟情于坚持真理的执着者，更偏爱于勇于放弃的理智者。

青出于蓝而胜于蓝，世上没有永远的强者。大海有高潮也有低潮，人生有高峰也有低谷。一个人不可能是永远的浪尖，不可能永远处于顶峰。当命运需要舍弃名利全身而退时，只要曾经拥有就已足矣，完全没必要继续争取，只有傻子仍然在苦苦地挽留夕阳，蠢人依旧在久久地感伤春光。人生必须有所放弃，一味地执着只会带来无尽的烦恼。

“童话之父”安徒生写过一篇《老头子总是不会错》的童话，他讲的是一对老夫妇的故事。

从前，村里有一对老夫妇。虽然他们的日子过得清贫，但是多少年来他们相濡以沫，同甘共苦。

有一天，由于家里缺钱花，所以他们打算将家里的马拉到市场上卖掉，换点更有用的东西。对于他们来讲，这匹马可是家里上上下下最值钱的东西。

老头子牵着马来到了集市。只见那里人来人往，他先和别人用马换了一条母牛，后来又用母牛去换了一头羊，紧接着他又用羊换来一只肥鹅，又由鹅换了母鸡，最后用母鸡换了别人的一大袋烂苹果。

在老头眼中，自己的每一次交换都会给老伴一个惊喜。当他扛着一大袋子苹果来到一家小酒店休息的时候，他遇上了两个英国人。在闲聊中，老头子将今天发生的一切告诉了英国人。那两个英国人听后哈哈大笑，说他回去一定会受到老婆子的批评。

倔强的老头子并不这样认为，于是英国人下决心用一袋金币和他打赌，如果他回家后没有受到老伴责罚那么金币就属于他了。于是三个人一起回到老头子家中。

老太婆早已在门外等着老头子。她一见老头子回来，非常高兴，又是给他拧毛巾擦脸，又是端水解渴。稍微休息后，老头子将自己的经历毫不隐瞒地讲给老太婆听。

当老太婆听到老头子用一种东西换另一种东西时，她总是激动不已，充满了对丈夫的钦佩。当她听到用马换来了牛的时候，不仅自言自语道："哦，我们有牛了。""羊奶也不错，同样好喝。""哦，鹅毛多漂亮!""哦，我们有鸡蛋了!"

当她听到老头子背回一袋已开始腐烂的苹果时，她并没有大发雷霆，而是不愠不恼，说道："那样的话，我们今晚就可吃到苹果馅饼了!"说完她搂起老头子，深情地吻了一下他的额头。

结果不言而喻，那两个英国人输掉了一百多金币。

这对老夫妇相亲相爱，相互包容。虽然失去了一匹马，但也换来了一袋烂苹果，有一顿苹果馅饼吃。生活中既要拿得起，又要放得下。有了包容就会相互谅解，就不会有莫名的争吵与不解。

拿得起是强者的风范，是智者的执着。它需要理智的思维、超人的自信、积极的心态、睿智的头脑、顽强的意志、强有力的行动等。具备以上品质，拥有以上条件，一个人才可能在残酷的竞争中排除万难，激流勇进，勇往直前，通向成功。

拿得起纵然可取，放得下也是尤为重要。它是迈向成功的催化剂，促使每个人早日走向人生的正轨，畅然前行；它是到达顶峰的指南针，指引每个人尽快攀登人生的高峰，一览美景。

现实中，很多人一辈子都被人生的得失所困扰，其实人生究竟是复杂还是简单，完全取决于人的心态。斤斤计较者会认为人活一辈子实在很复杂，而乐观豁达者则认为人生在世其实很简单。一个人与其繁重劳累地奔波，不如轻松自在地生活。拿得起，放得下才是人生的真谛所在。

爱情不在了，女人也要学会放下

现实中，几乎所有女人在生活中都尝过"失去"的滋味，也许是丢失一件宝贵的物品，也许是失去一个挚爱的亲人或朋友，这种失去的痛会在女人的心理投下阴影，让她难过不已，甚至会让她变得消沉。其实，痛苦的根源不在于“失去”了什么，而在于女人无法正视失去，无法从心理上承认失去，一直沉湎于那些已经不存在的东西。

一列火车在轨道上高速行驶着，这时候有位老者在靠窗的座位拿出了自己新买的鞋子，不料车突然晃动了一下，在人群的拥挤下老者手里拿着的那只新鞋从窗口掉了下去。周围的人不禁为之感到惋惜，可他们没想到老者却做出了一个惊人的举动：立即把另外一只新鞋也从窗口扔了下去。

旁边的人感叹地说：“老人家，你这双鞋看样子是真皮的，应该挺贵的吧？这么扔了真是太可惜了！”

老者笑了笑说：“不管这双鞋多么昂贵，既然已经丢了一只，剩下的这一只对我来说就失去了意义。我把它扔在轨道上，如果有路人能够捡到这双新鞋子，说不定他还能穿呢！”

失去了一只鞋，那双鞋就成了残缺的，它对老者来说已经失去了使用价值，与其留着另外一只黯然神伤，懊悔不已，倒不如果断放弃。

失恋是一个非常沉痛的话题。无论男性女性，只要经历过恋爱的人可能都品尝过失恋的滋味——那是一种无法言表的痛楚。因为女性把恋爱看得太重，所以失恋的时候，女性往往容易受到最严重的伤害。

其实，失恋也是一种心态问题，失恋也并不可怕，失恋更不是失去一切，关键是你用怎样的心态去看待它。只要你摆正了心态，正确看待失恋，安然地度过这段痛苦时期，重新振作，你还是能够重新获得爱情，获得人生的幸福。

对于那些消极的女性来说，失恋是一段感情的结束；而对于积极的女性来说，失恋则可能是一段新感情的开始。失恋本身并不能带给我们多少伤害，只是我们自己的心态在折磨自己。所以，当爱情不在了，一定要学会放下，只有这样，你才能重获新生。

当然，对于一份爱情，女性要重视，可是对于爱情，女性也要放得下。不可否认，每一段爱情，都有一段故事。而且发生过的爱情里，总会有一些甜蜜的回忆。因为女性朋友太在乎、太珍视、太不舍，所以失恋的时候也更痛苦。

冬梅有一个相恋三年的男朋友，他们经人介绍走到了一起。虽然男朋友并没有什么特别之处，但是冬梅觉得男朋友为人厚道老实，是个非常可靠的人。于是，他们成为了恋人。但是最近，冬梅觉得男朋友很古怪，经常打他的电话不接，发短信也不回，甚至到单位去找他，他也经常不在。正在冬梅纳闷的时候，男朋友突然打电话来，提出要跟她分手。冬梅很痛苦，她觉得自己当初已经选择了一个很普通的男人，就是想要一份真挚的踏踏实实的爱情，结果还是失败了，她觉得是自己太差了，她自我感觉差到了极点，终日魂不守舍，失去了生活的信心。

冬梅的这种心态其实是没有必要的。对方虽然不肯说出分手的真正原因是什么，但是感情是双方的，如果他要放弃，你也没有必要苦苦相留。你不必要深究什么原因，那只是浪费时间而已。更不必认为那是因为自己差。要知道，差和好是没有绝对的。可能对方看不起你，你不能看不起你自己。你一定要表现得更好、更优秀，让他看看失去你是他多大的损失。

女人要明白，有些东西失去了就是失去了，再惋惜也没有用。对于女性来说，既然对方已经提出跟你分手，就表示他已经不在乎这段感情了，那么自己何必又为了一个不在乎你的人而做出牺牲呢？我们唯一能够做的就是面对现实，尽快结束这段感情，重新寻找属于自己的爱情。

当爱情不在了，女人就要毅然放下。诚然，失恋是痛苦的，可是我们如果能够把握好自己的心态，我们就能顺利地从失恋的阴影当中走出来，寻找到自己真正的幸福。女性朋友们，不要再让失恋的沮丧困扰你们，不要再让失恋的痛苦伤害你们，正确地面对失恋，走出阴霾，勇敢地寻找自己的爱情，你们一定可以获得属于自己的幸福。

普希金在一首诗中写道："一切都是暂时的，一切都会消逝；让失去的变为可爱。"很多时候，失去不一定是忧伤，而是成为一种美丽；失去不一定是损失，也可能是奉献。只要女人抱着积极乐观的心态去面对失去，在失去后勇敢地选择放手，那么失去就会变为可爱，变为快乐的另一个起点。

小翠是一个很优秀的女性，她漂亮，能干，是某大型企业的市场部主管。因为工作的关系，她对什么事情都习惯了操纵和掌控，任何事情都要指手画脚，都要按照她的意思去布置、去执行，对待爱情也是如此，什么都要男朋友听她的，凡事摆出一副女强人的姿态。时间长了，男朋友受不了了，于是提出分手。小翠如此好强，接受不了这个打击。沉思一段时间之后，她决定像攻取市场一样去换回男朋友的心。她于是开始费尽心机地给男朋友送礼物，请男朋友吃饭，甚至不惜改变自己，做一个柔声细语、小鸟依人的小女生。但是没有想到，她突然之间变成这样，让男朋友感觉更别扭。最终，他们还是没能在一起。

失恋后女性往往都容易有这样的一个心理，就是认为对方是自己的至爱，是最好的。和男友分手后，认为自己的爱情也结束了，自己不可能再爱上别人。其实，这只是女性的一种错觉而已。这个世界每天都在上演生命诞生和死亡，每天都有新的变化。我们的心境也不会一成不变。或许现在你觉得他是最好的，但是随着时间的转移，你认识的人增多，你会发现还有很多更好的。你的生活中总会有新的男人出现，不要着急，更不要认为自己不会爱了。或许等到若干年后，你会发现自己的这个想法很可笑。其实只要你愿意，你的爱情可以随时开始。何必要把自己的感情终结在一个人身上呢？

感情很奇妙，有时候靠缘分，有时候靠机遇，有时候靠真心。当对方的爱已不再属于你的时候，把他强留在身边，他就会像一只被囚禁的鸽子，或许你还能触摸到他，但他所思所想的那个人却不再是你。失去了就失去了，不是自己的就别强求，无法得到的就该学会放弃，否则只能陷入悲伤的泥潭，无法自拔。

爱情不在了，就要学会放下，不要再去抱怨你曾经的得失，勇敢地放弃一切已经不属于你的东西。这才是一个聪明的女人应该做的。要相信，失去的一切都会随风而逝，但是你的选择，却能够在心里留下不一样的意义、不一样的价值。

女人要学会用感恩代替抱怨

俗话说，万事有得必有失。有时甚至可以说，生命就是不断地得与失的过程。我们失去了春天的葱绿，能得到丰硕的金秋；我们失去了青春岁月，能走进成熟的人生。聪明的女人懂得，生活永远不可能像我们期待的那样完美无缺，关键看女人用什么心态去对待。面对生活中的诸多不如意，女人如果能够少一些抱怨，多一些感恩，生活依然可以精彩依旧。

很多时候，命运是公平的，它让人在一处失，必会让其在另一处得。因而，当女人对生活感到不满的时候，不妨换一个角度多想想，也许这一切正是上天的考验呢？女人要学会感恩，多感恩生活给予我们的美好。

生活中有很多这样的人，他们这也看不惯，那也不如意，怨气冲天，牢骚满腹，总觉得别人欠他们的，社会欠他们的，从来感觉不到别人和社会对他们的生活所做的一切。这种人心里只会抱怨自己的得失，从来不会有感恩。有位哲人说，世界上最大的悲剧和不幸就是一个人大言不惭地说，“没人给过我任何东西。”

在一个贫困山区里有这样的一个女孩，她考上了重点大学，然而不幸的是父亲在她进校不久，遇车祸身亡，家中无力供她上学。在她准备退学回家时，社会送来了关怀，老师和同学也慷慨捐款捐物。大家的赠物，她舍不得使用，藏在箱子里。每天打开箱子看看这些赠物，就想到自己周围有那么多的关怀，心中就不由产生出一种感激之情。这种感激之情又驱使她去战胜困难，顽强拼搏。这个在物质上贫困的女孩，却变成一个精神的富有者。她心怀感恩，终于读完了大学，还以优异的成绩留学美国。她说："虽然我失去了父母，但是得到了社会好心人的帮助。大家给我的一切，是我的精神财富，永远留在我的心里。我要努力学好本领，回报祖国，回报父老乡亲。"在得失面前，只要有了不忘感恩之情的心，就像这位女孩，生命会时时得到滋润，并时时闪烁纯净的光芒。

我们常常看到，很多女人在自己的得失面前总是抱怨，而没有一颗感恩的心。有些女人时常抱怨自己身材不好、爱人没能力、孩子不听话、老板太苛刻、交通太拥堵……总之，她认为所有的人与事都跟她过不去。其实，问题出在她的心态。要知道，世上本就没有十全十美的东西，女人在认识自我、看待别人时，不要过于求全责备。女人如果一味地追求光彩夺目、无比挑剔，可到头来，会发现生活总是一团糟。相反，如果能够换一种心态去看待问题和得失，用感恩的心去面对得失，则会有不一样的收获。

一个残疾人来到天堂找到上帝，抱怨上帝没给他一副健全的体格，上帝什么也没说，就给残疾人介绍了一位朋友，这个人因刚刚死去不久才升入天堂，他感慨地对残疾人说："珍惜吧朋友，至少你还活着。"

一个官场失意被排挤下来的人找到上帝，抱怨上帝没给他高官厚禄，上帝就把那位残疾人介绍给他，残疾人对他说："珍惜吧，至少你的身体还是健全的。"

一个年轻人找到上帝，抱怨上帝没让自己受到人们的重视和尊敬，上帝就把那位官场失意的人介绍给他，那人便对年轻人说："珍惜吧，至少你还年轻，前面的路还很长。"

人生道路上，风和日丽的日子会有，风风雨雨的日子同样也会有。

只要能学会发现、学会珍惜，美好的生活就在身边。如果把自己的心灵一味地沉浸在郁闷中，不但是一种懦弱的表现，更是对生命的一种摧残。何不把心灵的门窗全部推开，静静心，理一理心头的思绪，白天多让阳光照在心上，呼吸大自然的新鲜空气，夜晚仰望一下满天繁星的夜空，聆听山间流泉的脆响，让心灵得到及时的呵护和保养，如此，我们就会感到生活的美好快乐。

音乐大师莫扎特的一生十分不幸。他一辈子都在为生活发愁，为疾病所苦。在他9年的婚姻生活中，就得去面对6个孩子的出生和其中4个的不断死去；在开口借钱这个问题上，他所花费的心思恐怕不少于一部交响曲所耗费的精力。

生活如此凄惨，但他却在信中说："我每天都在感谢造物主。"我们许多人总是陷于得失的恶性循环中，让自己对这个世界失去了感恩的心。其实，我们就是浩瀚无边的宇宙中的一颗有生命的尘埃，如果能够放出异彩，那是造物主的眷顾！让我们怀着一颗感恩的心，感谢世界，感谢生活，感恩一切！

人生就是这样，有得就有失，有失就有得。在已经失去的东西面前，我们不要去抱怨，而是要怀着一颗感恩的心去生活，去努力，这样或许你就能让别人钦佩。

提起海伦·凯勒，相信大家都不陌生，她是19世纪美国的盲聋女作家、教育家、慈善家及社会活动家。她的一生拥有较高的成就，然而，她的一生却充满坎坷。1880年，她出生于亚马拉巴马州北部的一个小城镇。19个月大的时候，她被猩红热夺去了视力与听力，她的生活从此便被笼罩在一片黑暗与寂静当中。

失去了视力与听力，这是多么令人痛苦的事情。然而，在这样的沉重打击面前，她没有抱怨，也没有放弃努力，而是始终自强不息，发奋学习。后来，在导师的帮助下，她克服生理缺陷，学会了说话和读书，开始与人正常交流。后来，她又以优异的成绩毕业于美国哈佛大学拉德克利夫学院，她成功地掌握了英、法、德、拉丁、希腊五种文字，成为学识渊博的作家与教育家。

了解了她的经历我们不难看出，她之所以有现在的成就，正是因为她能够以正确的心态去面对生活。面对残疾的身体，她没有抱怨人生，而是勇敢地接受，跟着沙莉文老师认真学习，终于突破了说话与写字的障碍。她一生共写下了 14 部作品，不仅被译成了布莱叶盲文，而且还被译成各种语言在全世界出版发行。她感激老师对她的帮助，把老师所给予她的爱又散播给所有不幸的人，带给了大家生活的希望。生活给了她很多磨难，然而，她没有浪费时间去抱怨，而是以积极的态度去回报社会。她走遍美国和世界各地，为盲人学校募集资金，献身于盲人的福利与教育事业。

海伦·凯勒虽失去了健全的身体，然而她却获得了很大的成就。我们明白，她之所以失去健康，是经济与社会原因所造成的。然而，面对人生突如其来的打击，她没有抱怨自己的得失，没有抱怨父母，也没有抱怨社会，真挚地感谢老师的帮助。在获得成功后，她开始致力于救助伤残儿童、保护妇女权益和争取种族平等等社会活动，让无数的人都能因此而改变生活。生活的开端对她来讲，无疑是不幸的，然而随着生活的继续，她却用实际行动帮助了许多的人。

人生的得失有时是我们能够决定的，而有些却是我们无法控制的。世事艰辛，也许生活的确给了我们太多的磨难，然而，女人如果因此而抱怨社会、抱怨人生，就能让现实发生改变吗？显然并不能，相反，一味地心存怨恨只会让女人整日深陷抱怨的怪圈之中。懂得了生命的得失，可以让女人不必再抱怨人生的不完美，也不必再计较人生的不如意，也可以让女人知道表面看来我们失去了很多，同时却又给予了我们许多东西，女人难道不该为此而感谢吗？

多一份感激，少一份忧虑，我们的生活会更加宁静和美丽。面对人生的得失，女人应该学会用感恩代替抱怨，很多时候正是有得有失才让女人的生活过得充实而丰富，才让女人在这个过程中有所成就。用一颗感恩的心来面对这一切，女人就会发现生活已经给予自己太多的美好。懂得了这些，就努力做一个聪明的女人吧，从现在起，心怀感恩，不再抱怨一己的得失，做到这些，不仅能让自己生活得更好，更能赢得他人钦佩与仰慕。

第二章

不因仇恨恩怨而抱怨，就会赢得他人尊重
——大度的女人不抱怨

古语有云：“渡尽劫波兄弟在，相逢一笑泯恩仇。”行走在世间，人与人之间由于各种原因，难免会有一些摩擦，严重的话就会导致仇怨。对于一个大度宽容的女人来说，当你面对过去或是现在，面对伤害你的人或是你亲近的人时，应该选择宽恕而不是以怨报怨，仇恨不断。冤家宜解不宜结，你要学会放下仇恨，否则你就会陷入仇恨当中而不能自拔，最终受到伤害的不仅仅是他人，很有可能还有你自己。

宽容的女人总能得到更多的回报

古语说，冤冤相报何时了。的确，面对已经造成的伤害，不管能不能挽回，一味地抱怨和仇恨，都是于事无补的。而选择宽容，则会化干戈为玉帛，化仇恨为回报。

在这个世界上，人们想着寻找公平，人与人的态度是靠以心换心的：当你对别人苛刻时，别人回报你以苛刻，当你对别人宽容时，别人对你回报以宽容。所以，宽容的人总是能够得到别人更多的尊重和感激，而斗争只能换来无休止的敌对和仇视。

“二战”期间，一支盟军的部队和德国军队在森林里相遇，发生了激烈的枪战。在枪战中，两名盟军士兵被打散，和部队失去了联系。这两名士兵都来自同一个故乡，同一个小镇，一个叫安德森，一个叫莱恩。因此他们在森林里艰难跋涉，并且相互鼓励，相互安慰，设法和部队取得联系。可是十多天过去了，部队仍然没有联系上，他们身上带的食物已经吃完了。这一天，他们在行走过程中意外地发现了森林里有一只鹿，于是他们开枪打死了鹿，他们就依靠鹿肉又支撑了几天。但是接下来的几天，他们很倒霉，什么动物都没有发现。这样，他们两个人求生的希望就完全寄托在了安德森背上的那块鹿肉上。他们都知道这或许是他们最后的希望。

一天，他们不幸又和敌军相遇，他们巧妙地躲过了敌军的追击，待到敌军远去时，突然听到“砰”的一声枪响，安德森的肩膀中了一枪。这个时候背后的莱恩走上前，害怕得语无伦次，抱着安德森的身体泪流不止，并且赶快把自己的衬衣撕下来，为安德森包裹伤口。那天晚上，莱恩一直念叨着母亲的名字，两眼直勾勾的，他们什么话也没有说，谁也没有动那块鹿肉。结果第二天，盟军的部队经过，他们两人都得救了。

事隔30年，安德森说，“我知道谁开的那一枪，不是德国军队，而是我的战友莱恩，因为他过来抱着我时，我感觉到他的枪管是热的。我当时怎么也不明白，他为什么朝我开枪。但是那天晚上我就原谅他了，他想独吞我身上的那块鹿肉，他想活着见自己的母亲。此后，我们谁也没有再提及此事，我还是把他当成好朋友。但是有一天，他跪下来，乞求我的宽恕，并且要说出真相，我打断了他，没让他说出来。但是从那以后，他对我一直非常感激，非常尊重。”

对待差点打死他的曾经的战友莱恩，安德森选择了宽容，而这让莱恩感到更加愧疚，同时也让莱恩对他更加的尊重。试想一下，如果安德森当时指责莱恩，那么他们或许就会真的反目成仇，当时就拼个你死我活，或许他们都不可能活着回到家乡了，即便都活下来了，他们也会一生都被这种仇恨恩怨纠缠。

生活当中，很多女性不可避免地会遇到很多不平事或者伤害。她们有的不能容忍别人的一点点自私或者侵犯，总是对别人的错误或者过失心怀仇视。她们时常会抱怨说：“我把她当好姐妹，可是她呢，遇到问题的时候就把责任往我身上推，真可恨”，“我把他当这一生最爱的人，可是他竟然背着我做出那么多对不起我的事情”，“我曾经那么真心地支持他，可是到头来，需要他支持的时候他竟然反对我”，等等。我们在生活中听到太多这样的抱怨了。的确，这些事情发生在谁身上谁都不会高兴，可是这些事情，其实对我们并没有造成很严重的伤害。如果和安德森比起来，我们所承受的要小得多。

我们不得不承认，很多人当面临利益的时候，他们就忘记了情感和朋友，他们往往会为了私利出卖和舍弃一些东西。可是每个人都有经不起诱惑的时候。如果他们真的对我们造成了很大的伤害，那么我们可以不容忍这种损人利己的朋友，但是如果他们也有非常不得已的苦衷，并没有对我们造成大的伤害，或者他们在中途及时停止了伤害行为，而且非常愧疚，自身也知道错了，我们就应该宽容一些，原谅他们。这样，不仅可以化解仇恨，而且可以让对方更加尊敬我们，更加信任我们，从而在以后为我们做事或者帮助我们的时候也更加尽心尽力。

在当今这个社会，女人都想得到别人的尊重。然而，在恩怨仇恨面前，很多女人认为争吵和攻击才是得到尊重的方法。但是，她们不知道，其实宽容才是得到别人尊重的最佳方式。

曾经在一个城市曾经发生了一起严重的车祸，车祸的肇事者是一个年轻的司机。因为经过长途奔波，他已显得疲惫不堪。但是为了不给公司添麻烦，不耽误送货日期，他强打着精神，继续开车赶路。一场悲剧就在这时发生了。就在车快速行驶的时候，由于他精神恍惚，没有看到路边有一个女孩正在早晨上学的路上，车径直地开了过去，结果，女孩被快速行驶的车撞出去几米远，女孩流了很多血，当场昏迷。虽然司机很快就将小女孩送到医院，但是由于伤势太严重，虽然经过医院全力抢救，最终也没能挽回小女孩的生命。女孩的妈妈得知消息后，急忙赶到医院，当年轻的司机看到小女孩的妈妈时，想到自己撞死了他们的女儿，他感到非常惶恐，不知该怎么办。在这样的惊恐之下，他猛地跪在地上，请求那位妈妈的原谅。起初，女孩的妈妈因为悲伤过度，什么也没有说。但是后来她回转过来了，她想：自己的女儿已经死了，人死不能复生。但是眼前的这个人还很年轻，还有漫长的路在等待着他。不能因为女儿的死就葬送了另外一个年轻人的前途。

于是，女孩的妈妈忍着悲痛，扶起了跪在地上的青年，对他说，“我原谅你。我的女儿已经死了，这是无可挽回的事实。即使让你死了也不能挽回她的生命。但是，你要吸取这次的教训，日后切不可再这样了。你走吧。”年轻人没想到女孩的妈妈会如此宽宏大量，更没有想到她这么容易就原谅了他。尽管如此，他还是觉得心有愧疚，觉得自己对不起这位妈妈。终于他忍不住哭起来，他哭着对女孩的妈妈说，“阿姨，我犯下了这样的大错，我不知道该怎样赎罪。请你就收我做你的儿子吧，以后我就代替你的女儿孝顺你，绝不会有半句怨言。”女孩的妈妈想了想，点头应允了。就这样，在后来的日子里，年轻人保持了一个习惯，一到休息日就带着礼物去看望那位妈妈，他们保持着良好的关系，女孩的妈妈简直就成了年轻人的另外一位母亲。

正是这位母亲的宽容，挽救了这位年轻人，同时也收获了另一份亲情。我们看到，宽容的力量绝对是无穷的，宽容的女人也总能得到更多的尊重和爱戴。

女人应该明白，宽容的女人才能得到更多，宽容不仅是一种心胸，更是处世的一种境界。人生中，如果能够宽容别人的错误，你就能够得到更多的尊重和回报；如果你对对方的错误咬着不放，抱怨不断，很可能让他恼羞成怒，对你大肆报复和对抗。在生活和工作中，女人应该掌握好宽容这个武器，让自己赢得更多的尊重和友谊。

女人不要总是对过去的伤害耿耿于怀

生活在这个世界上，很多时候，并不是现在的事让我们不快乐，而是我们太过于执着过去别人对我们的伤害。作为一个女人，要想轻松愉快地生活，要想赢得他人的尊重，就要学会忘记过去，学会宽容，不光是宽容别人还有自己，更不要总是对过去的伤害耿耿于怀。

海明威曾经说过，“过去就像尸体，对我们毫无意义，我们要做的就是从尸体上跨过去，获得新生。”人生的路上，我们遇到的不可能全是快乐的事情，遇到一些挫折、困难也总是难免的。随着年龄的增长，每个人都会有自己的过去，而且过去会越来越多。过去的那些对我们不公平的事情，那些让我们难堪的事情，那些让我们痛苦的事情，就像陈年的风湿一样，刮风下雨就会痛，这些过去造成的伤害会时刻困扰侵蚀着我们的内心，让我们心情沉重，让我们内心压抑。时间久了，这些事情成为了我们内心最大的痛楚。

然而，人生在世，总不能一直活在过去。不管那些过去多么伤感，不管你曾经多么痛苦，那些已经成为过去，不能再代表任何事情。即使你难过、悲哀，都已经不可能再回到过去，更不可能再改变任何事情，即便是过去别人对你造成的伤害。如果不能正视现在，那么将会影响到你现在的人生进程。

陈好是某大学中文系毕业生，很有才华，也很漂亮聪慧。陈好毕业后，在一家出版社任编辑工作。但是让周围人不明白的是，陈好已经快30岁了，如此优秀的她却一直都没有男朋友，更没有结婚。更奇怪的是，每次有同事或者朋友给她介绍对象，陈好总是拒绝。而且即使有优秀的男士靠近她。她也会退避三舍，毫无兴趣。她似乎整天习惯了独来独往。所有人都很奇怪，但是没有人知道为什么。单位新来了一个青年，人长得很帅，很欣赏陈好写的文章，听说陈好没有男朋友，便开始追求她。但是陈好还是那个样子，对这个青年冷若冰霜。可是这个青年却从来没有放弃过，依然一有机会就给陈好送花，约她吃饭，虽然是遭到拒绝的次数很多，可是这个青年从来都不介意。渐渐地，在青年的真诚和痴情下，陈好似乎有所动摇。

终于有一天，陈好主动让那位青年在说好的咖啡厅等她。见面后，陈好说："你真的那么喜欢我吗？"青年很坚定地说："我从第一眼看到你就喜欢你。"陈好说："那么，如果你知道我过去曾经当过别人的情妇，还堕过几次胎，你还会喜欢我吗？"原来，陈好在上大学的时候，偶然的机会和一个很有魅力的企业家认识，产生了恋情，那个企业家曾经承诺陈好，要和自己的妻子离婚，和陈好在一起。但是他们同居三年之后，陈好仍然没有得到想要的结果，在这个过程当中陈好怀孕过两次，可是都因为学业和工作孩子没有留下来。

虽然现在陈好已经和那个男人分手了，但是一个人的记忆是很难磨灭的，陈好是个对爱情要求完美的女孩，她认为自己一生的爱情只有一次。而且，她觉得自己已经看透了男人，她认为自己不可能再爱上任何一个人了。所以，对于任何人的追求她都是拒绝。这个青年的热情让她很困扰，于是，她开诚布公地告诉了他自己的过去。她认为没有几个男人会接受这个事实，所以她等待着青年自己离开。但是没有想到青年握起了她的手说："过去只属于过去，我爱的是现在的你。你不应该总是让自己生活在对过去的悔恨里。"这样，青年和陈好终于走到了一起。

不可否认这样的一个事实，在每个人的成长过程中，或许我们曾经被人欺骗过，被人拒绝过，被人羞辱过，或许我们曾经也犯过错误，有过在自己或别人看来是污点的过去。但是只要我们从过去的伤害或是被伤害的经历中吸取教训，怀着良好的心态开始现在的生活，那些不好的过去就会成为过去，也不会给现在的生活带来痛苦和仇恨。

也许在生活中，我们不能保证每个人的经历都那么单纯，每个人走过的道路都那么平坦笔直，而且很多时候由于我们自身的经验不足等原因，我们可能会被外界的事物和人所迷惑和误导，而做了一些让自己感觉是人生污点的事情，有些人坐过牢，有些人骗过别人，但是不管曾经发生过什么，只要你活过来了，那么过去都已经成为过去。只要你怀着善良的心，美好的希望，真诚的生活，那么你就有资格可以让自己的生活重新开始。

很多时候，我们要做到不对过去耿耿于怀，不仅需要宽恕别人，更需要宽恕自己。

曾经有一个画家，一天，一些朋友来看他作画。他正在作着画，不知怎么回事，手一抖不小心在画纸上滴了几滴墨。这是他好不容易才构思出来的一幅画，于是他想着把墨吸干净，然而由于他一时慌乱，在他拿起毛巾的时候却把一瓶墨水打翻了，整张纸的有用部分都被墨染黑了，这幅画就这样毁了，朋友看着都感到很惋惜。但是画家很冷静，什么也没说，而是重新摊开了一张纸，拿起画笔重新作画。经过一会的努力和先前的已成构思，他画的新画比原来那幅更有神韵。

其实，想想我们的人生何尝不是这样呢。画家知道，如果在画过了的纸上作画，会越描越乱。这个时候，如果我们无法再修正自己的画，那么只需要再拿出一张纸，重新开始，或者我们会获得更好的结果。

所以，女人也要向这位画家学习，不要再对过去耿耿于怀，而应该展开你宽容的心胸去拥抱今天。

很多男人说："千万不要得罪女人，否则她下辈子都会记得你对她做过的事情。"很多丈夫说，"千万不要跟女人吵架，否则她会把几十年前你对不起她的事情拿出来控诉你。"现实中，很多女人容易为往事耿耿于怀，尤其是那些给她们带来伤害的往事，有时很多年过去了或是一辈子，她们都不会忘记那些抛弃过她们的人，那些伤害过她们的人和事，那些背叛和欺骗……女人会觉得类似这些时常像刚刚发生的事情一样，历历在目，而女人也总是会因为想起过去因伤害带来的那些悲伤痛楚的经历而伤心不已。男人们喜欢女人的一点是她们的念旧和专情，但是男人害怕女人的一点是她们的耿耿于怀。

有这样的一对夫妻，他们在一起生活快二十年，但是他们之间的争吵从未间断过。由于丈夫曾经在十年前有过一次外遇，所以，在后来生活中，只要生活中一有矛盾，妻子就会拿出十年前的他的一次外遇来说事。在这之前，虽然他们之间也曾有过争吵，但是他们还是很幸福。然而，妻子却对这件事始终放不下，认为是丈夫对不起她，每每提及，就声泪俱下，情绪不能控制，仿佛又回到了那个被伤害的年代。每次到这个时候，全家人的心情都坏到了极点。对于这些，丈夫每次都是忍让，在每次的争吵中，妻子好像永远是被害者和胜利者，而生活也好像很平静。

正像人们常说的，过于平静的背后往往孕育着爆发。终于，事情再一次爆发了。这一天，丈夫和妻子开车外出，他们因为路线的问题又产生了矛盾，开始了争吵，妻子又提起了以前的事情，并有些得理不饶人地说：“别忘了你曾经对我做过什么，现在你怎么敢这么对我？”丈夫忍无可忍地说：“你能不能不要再提这件事，你到底什么时候才肯忘记这件事？”妻子仍激动地说：“在我有生之年，我绝对不会忘记。”他们争吵不休。这个时候正好汽车开到了一个峡谷，丈夫突然脑筋发热，方向盘一转，于是两人共同掉进了峡谷里。他们双双遇难，一个悲剧就这样发生了。

面对过去，很多时候，回忆过去会给女人带来丰富和满足，可以让女人在对过去的反思当中不断调整自己，取得进步。但是如果对于过去发生的不愉快总是耿耿于怀，那么女人就会容易让过去牵绊住自己，而失去了现在的快乐。所以，女人要想赢得男性或是他人的尊重，就要学会不要对别人过去对你造成的伤害耿耿于怀，这不仅仅是一种宽容，更是一种智慧和策略。懂得宽容别人曾经的错误和过失以及对自己造成伤害的人，才能得到心灵真正的宁静和他人的钦佩。

女人也要有君子胸怀

鲁迅先生曾说过“相逢一笑泯恩仇”，就是说面对人生中的恩怨仇恨，不要去抱怨，而是要学会宽容，能做到拥有这种心胸的女人才是真正的智者。聪明的女人懂得冤冤相报何时了，女人学会宽恕别人的错误，才能得到幸福。

面对仇恨恩怨，宽容是一种豁达和大度，它是比海洋和天空更为博大的胸襟，是宽广和宽厚的叠加、延续和升华；宽容是一种高尚的品德，它犹如一泓清泉浇灭怨艾仇恨之火，使冲突化为和气，使干戈化为玉帛，使祥和遍布人间，使美德流芳于世；宽容是一种深厚的涵养，它能陶冶人的情操，带给人们心理的宁静和恬淡；宽容是一种善待生活、善待他人的境界，它不但可以改善与他人、与社会的关系，还可以使自己的心灵得到慰藉与升华。

宽容犹如栽花，它能使人生路上减少荆棘，回报你的定是姹紫嫣红；宽容好似动力，它能产生强大的凝聚力和感染力，给自己赢得一个轻装出击的动力；宽容更像润滑剂，它能融解人际间的冰块，使彼此具有更多的信任与爱戴。

宽容不会使你失去什么，相反会真正得到很多，它不但使你得到一个人。更重要的是使你得到一个人乃至更多人的心。宽容需要一种胸怀，一种“大肚能容，容天容地，于己何所不容”的宽广胸怀。一种“大肚能容，容天下难容之事”的博大胸怀，一种“将军额头跑得马，宰相肚里能撑船”的坦荡胸怀。

2004年8月23日，雅典奥运会体操比赛男子单杠决赛正在紧张进行。28岁的俄罗斯名将涅莫夫第三个出场，他以连续腾空抓杠的高难度动作征服了全场观众，但在落地时，因一个很小的失误——向前移动了一小步，被裁判打了9.275分。

此刻，全场观众都站了起来，一边不停地喊着“涅莫夫！涅莫夫!”，一边不停地挥舞手臂，用持久而响亮的嘘声，表达对裁判的愤怒。第四个出场的美国选手保罗·哈姆无比尴尬地站在原地。

面对这样的情景，已退场的涅莫夫从座位上站起来，向观众深深鞠躬，感谢他们对自己的关爱和支持。涅莫夫的大度进一步激发了观众对裁判的不满，嘘声更响了，一部分观众开始做出不文雅的动作来。

裁判被迫重新给涅莫夫打了9.62分。可是，这个分数不仅未能平息观众的不满，反而使嘘声再次响成一片。

令人感到意外的是，涅莫夫又回到赛场，举起右臂向观众致意，并伸出右手食指做出噤声的手势，然后将双手压下，请求观众保持冷静，给保罗·哈姆一个安静的比赛环境。

涅莫夫的宽容，让中断了十几分钟的比赛，得以继续进行。涅莫夫虽然没有得到金牌，但他仍是观众心目中的“冠军”，他没有打败裁判，但他却以自己的宽容征服了观众。

也许，这里说的算不上真正意义上的仇恨，但是面对这样的事情，完全可以激发出一个人的仇恨心理。女人也要明白，在这些恩怨仇恨或是能够激发仇恨的事情或人上，一定要学会宽容。

古人云：“人之有德于我，不可忘也；事有德于人也，不可不忘也。”这里是要求女人，要学会知恩图报，施恩须忘。当然，对于这一点，许多女性都还能够做到。然而，生活中不仅只是有恩于女人的人，还可能会有一些结怨的人，对待那些伤害过我们的人，女人又该如何对待呢？有些女性认为应以牙还牙，然而，真正的智者懂得，内心活在仇恨之中，生活自然会充满烦恼。唯有乐于忘记旧恶，懂得宽容的女人才可以甩掉沉重的包袱，获得新生。如果一个女人不懂得忘记，怀恨在心，只可能害人害己。

生活在这个世上，女人会与许多人打交道。这些人中有心地善良、性情耿直的好人，也会有一些行为不端的坏人。面对好人出现的问题，女人能够包容，然而，面对恶人呢，女人又该怎么办？也许有些女人认为，只要是恶人，就要全力铲除，以绝后患，这样的做法，真的正确吗？女人能够以君子胸怀来善待“恶人”，才是真正的智者。

也许有些女人会说，那是因为事情没发生在你的身上，所以你才站着说话腰不疼。很多时候，面对仇恨恩怨，要想真正做到宽容和原谅并不容易。因为有时，那些伤害造成的仇恨是刻骨铭心的。然而，女人难道一直怀恨在心就可以解决问题了吗？即使让你报了仇，发生的事情就可以改变过来吗？显然是不能的，因而，面对已经发生的事情，女人如果想要让自己活得快乐，就应该学会宽容，学会忘记。

说起来梁建红，可能很多人并不知道。然而她的举动，却显示出了女人的博大胸襟。梁建红是河北邯郸峰峰矿区一名普通的农家妇女，然而，在面对给她带来巨大伤害的“凶手”面前，她能够以一颗包容心去对待，没有选择报复，而是选择了原谅他的过错，这种境界是很多人都无法达到的。

2008年年初，她年仅27岁的儿子外出打工，因为经济纠纷被工友宋晓明乱刀捅死。事情原因很简单，因为保安公司拖欠她儿子几千元钱，因而，她的儿子拖欠了宋晓明500元钱。在无奈之下，宋晓明找到梁建红的儿子，在争执中失去理智，用随身携带的刀具连捅数十刀，造成伤者因失血过多而死。事发时，距离死者结婚的日子还有十天，这个噩耗对于梁建红来说，无异于五雷轰顶，老年丧子，是人生最悲痛的事情。面对突变的现实，原本已经怀有身孕的儿媳妇只得打掉腹中的胎儿。对于梁建红来说，可谓连失两命，悲痛之情可以想象。

遇到如此情形，许多女性可能都会要求严惩凶手，替儿子报仇。然而，她却背着家人，千里迢迢赶到北京在法庭上替凶手求情。庭审现场，宋晓明对自己的罪行供认不讳。当法庭问梁建红有什么要说的没有，她竟然呜咽着向法官求情，有可能的话对宋晓明从轻发落。在这个平凡的女性看来，她的儿子已经死了，宋晓明也是一条鲜活的生命，也是由父母生养的，她不想再让人间多一个悲痛的家庭。

听了她的话，坐在被告席上的宋晓明顿时泪流满面，就在宋晓明被带出法庭前，他竟然跪在梁建红的跟前，给她磕了个头。最后，宋晓明被判有期徒刑12年。正是她的宽容让宋晓明决心认真改造，争取早日出来，报答她的大恩，他表示从监狱出来后要给梁建红当儿子。

在这里，我们不能不对梁建红肃然起敬。面对他人的伤害，面对这样的仇恨，梁建红这个普通的女性没有趁机报复，而是以德报怨，泯仇为爱，令全场的人都为之动容。梁建红是伟大的，面对杀子仇人，她不仅没有抱怨，反而还替对方求情。她的善举最终也感化了宋晓明，用积极的心态接受改造，同时，他还表示出狱后当梁建红的儿子。人世间的恩恩怨怨，永远也无法说清楚，人与人之间不可能永远存在着大是大非。面对那些犯了错的人，女人如果懂得包容，便可以让他们意识到自己的错误，并且极力改正错误，这才是从根本上消除恶行。当然，女人的这种行为，也算是一种善举。所以女人也应该明白，善待他人，用一颗包容心去面对那些有过错的人，可以给他们改过自新的机会，挽救一颗堕落的灵魂，才是最大的善行，才是君子的心胸。

人生在世，面对仇恨恩怨，宽容并不是男人的专利，女人也需要有君子心胸，有宽容之心。很多时候，善恶往往只在一念之间，女人的宽容有时可以拯救一个人，女人的惩罚也可能彻底结束一个人的生命。面对已经造成的伤害，面对逝去的东西，“以其人之道，还治其人之身”有时也是无济于事，伤害已经造成，无论你报复也罢，打击也好，都不可能改变历史，只会让更多的人受伤害罢了。

冤家宜解不宜结

中国有句俗话，叫冤家宜解不宜结。人生在世，人与人之间难免会有过结恩怨，有“境界”的人会学会化干戈为玉帛，要做到这些就需要学会宽容，不去抱怨。

人们常说，种瓜得瓜，种豆得豆，同样种下仇恨，收获的绝不会是幸福！要明白让人非我弱，得志莫离群！在仇恨面前，宽容是最好的药。

曾经有一个人，他总是很不快乐，因为他心中非常恨一个与他有恩怨的人。他的心中一直充满了嗔怒和仇恨，千方百计想置对方于死地。

于是，他便找到一位很有威望的巫师，并向巫师请教说：“大师，我怎样才能缓解心头之恨呢？如果催符念咒可以损害讨厌的人，我愿意不惜一切代价学会它！”

巫师思考了一下，冷静地说："这个咒语会很灵，你想要伤害什么人，念着它你就可以伤到他；但是在伤害别人之前，首先伤害到的是你自己。你还愿意学吗？"

由于他的内心已经被仇恨所充满，所以尽管巫师这么说，他还是十分乐意，他坚定地说："只要对方能受尽折磨，不管我受到什么报应都没有关系，大不了大家同归于尽！"后来，他决定要杀死他恨的那个人，但是正如巫师所说的，伤人之前先伤己，所以，直到他死的那刻他才明白过来。

一念嗔心起怨恨，就会让人陷入愚痴，如同自己拿着绳子捆住自己，不得自由，而且会越勒越紧。仇恨就像债务一样，你恨别人时，就等于自己欠下了一笔债；如果心里的仇恨不断增多，活在这世上的你，就永远不会再有快乐的一天。为了伤害别人，不惜先伤害自己，这是怎样的愚蠢？然而现实生活中，这样的怨恨情仇天天在上演，随处可见这种自缚心结。

女人也应该明白冤家宜解不宜结的道理，对于恩怨仇恨，宽容是解决问题的最好途径。人与人之间需要宽容、需要理解。宽容是催化剂，可以消除隔阂，减少误会，化解矛盾；宽容是润滑剂，能调节关系，减少摩擦，避免碰撞；宽容是清新剂，令人感到舒适，感到温馨，感到自信，感到世界的美。待到你的勇敢战胜了一个个困难，你的慎重一再避免了失误，你的真情融化了别人心头的坚冰，你的让步给双方带来了广阔的天地，你的赞美得到了公众一致认可，人们便会更加理解你、信任你。

大家知道，在《红楼梦》中，林黛玉、贾宝玉和薛宝钗三人之间构成了一种微妙的情感关系。林黛玉和薛宝钗两人的性格也是相差甚远，当贾宝玉和薛宝钗亲近时，林黛玉便心怀不满甚至心生仇恨，她把薛宝钗视为自己的"情敌"，心想倘若抓住了机会，一定要好好整治一下薛宝钗。然而，在这个问题上，薛宝钗比林黛玉显得聪明，她表现出了难得的宽容大度，她知道冤家宜解不宜结。对于黛玉的醋意、敌意，她不予理睬；就算是某些讽刺挖苦，她也只是作适当的回敬。但是，一旦宝钗抓住了两人和好的机会，就会努力争取，以从根本上消除黛玉的敌意。

在后来的生活中，薛宝钗更是显得宽容大度。一次，贾母让各位姑娘猜拳行令随意玩乐，临到林黛玉时，由于饮了一些酒，林黛玉无意中说出了几句“艳词”。要知道在当时，这会被人指责为大逆不道的。尽管当时在座的人并没有听出来，但却瞒不过薛宝钗。要是以林黛玉的性格，像这样的事，她肯定会当场揭发出来。但是聪明宽容的薛宝钗没有这样做，因为她敏锐地意识到这是她与黛玉化干戈为玉帛的契机。

这件事过后，薛宝钗专门找到林黛玉，说：“好个千金小姐，好个尚未出阁的女孩儿！满嘴说的是什么？”林黛玉一听，吓了一跳，知道她指的是自己在酒桌上说艳词的事，就赶紧向宝钗求饶：“好姐姐，你别说与别人，我以后再也不敢了。”薛宝钗见林黛玉满脸羞红，也就不再追问，反而开导她今后在这些地方要小心谨慎一些，以免授人以柄。

我们可以看到，薛宝钗这一番真心真意的关心说得林黛玉既感激又信服，心想自己平常刻薄待她，她对自己还是这样好，也就意识到了自己以往的过失。

生活中，很多女人都会遇到这样的问题。按照一般人的想法，如果真的有一个像林黛玉那样屡屡讽刺挖苦、给我们气受的人，我们是断不能一味忍让的。平常忍一忍还可以，倘若有机会抓住了他的小辫子，一定要狠狠地出一口气。但是薛宝钗却十分清楚，林黛玉与她同居大观园，平日里低头不见抬头见，在近旁树敌只会招来更多的气，冤家宜解不宜结，要是化敌为友就大不相同了。于是，她把本可以掀翻对方的把柄变成了与对方和好的橄榄枝，用真诚与宽容换取了林黛玉的信任。

宽容与自己曾有过节的人，给对方留下余地，并通过巧妙的交际手段化敌为友，是解决恩怨仇恨问题的一个十分有效的途径。但凡聪慧的女人都是会宽容别人的，因为宽容别人的同时，其实是在帮助自己。

人生在世，总是会与各种各样的人打交道，也总难免会产生各种不快与摩擦，甚至是恩怨仇恨，怎样处理，怎样对待，不同的人就会有不同的方法了。这种时候，我们更应该淡化矛盾，捐弃前嫌，握手言和，而不是让仇恨的袋子不停地膨胀，让仇恨的种子根植于心。

宽容是一种博大的胸怀，是一种崇高的美德。在处世中不搞唯我独尊，对不同的观点、行为要予以理解和尊重，即使自己有理，也不能咄咄逼人、得理不让、把自己的观点和行为强加给别人，要尊重他人的自由选择。尊重别人就是尊重自己，宽容别人，才会给自己带来更广阔的天空。总之，你要抱着冤家宜解不宜结的准则来对待一切人和事，没有人会拒绝诚意。

“冤仇宜解不宜结。”只有发自内心的慈悲，才能彻底解除冤结，这是脱离怨恨之狱最有效的方法。

在《把敌人变成人》一文中，曾讲述了1944年苏联妇女们对德国战俘的场景。这些妇女中的每一个人都是战争的受害者，或者是父亲，或者是丈夫，或者是兄弟，或者是儿子在战争中被德军杀害了。

战争结束后，在输送德国战俘的过程中，苏联士兵和警察们竭尽全力阻挡着苏联的妇女们，生怕她们控制不住自己的冲动，找这些战俘报仇。然而当一个老妇人把一块黑面包塞到一个疲惫不堪的、两条腿勉强支撑得住的俘虏的衣袋里时，整个气氛改变了，妇女们从四面八方一齐拥向俘虏，把面包、香烟等等各种东西塞给这些战俘……

当时，叶夫图申科说了一句令人深思的话：“这些人已经不是敌人了，这些人已经是人了……”这句话道出了人类面对苦难时所能表现出来的最善良、最伟大的生命关怀与慈悲，这些已经让人们远远超越了仇恨的地狱。

战争带给人类的是无尽的灾难，同时他也在很大程度上激发了人们之间的仇恨。但是如果一个人心中时时怀着仇恨，这种仇恨就会一次次地放大，一次次地膨胀，终有一天它会隐藏你内心的澄明，搅乱你步履的稳健。造成痛苦的原因有很多种，“不能原谅别人”就是其中一种。不能原谅别人，心里就会种下仇恨的种子，从此会连累自己的身心，让自己的痛苦和烦恼越来越多。所以，只有原谅别人，才能解除内心的压抑，释放心中快乐的因子。懂得为人之道的人，内心世界才是美丽和安宁的。所以，要相信冤家宜解不宜结，要学会化解仇恨，懂得宽容和宽恕，只有这样，我们才能远离仇恨、超越仇恨！

女人要学会放下仇恨的包袱

有人说：对仇人最大的报复就是原谅！如果有人曾经伤害过你的心灵，或是欺骗了你的感情，让你失去了亲人或朋友，不要一辈子记恨他，试着去忘记那些伤痛，原谅你的“仇人”。因为失去了永远都失去了，再怎么怨恨对方，时间也不可能让人生重新来过，你也无法再拥有。怀着仇恨生活，折磨的只是你自己的内心。女人，也应该学会放下仇恨的包袱。

每个女人都有自己的过去，罗兰也不例外。罗兰是意大利著名的影星，她是最有资格恨她父亲的人。因为父亲给了她生命，而拒绝与她的母亲结婚，也不承担任何责任，使罗兰成为一个遭人唾弃的私生女。罗兰在自述中写道：父亲仅仅是一个词，一个毫无意义的标签。

当罗兰成为著名电影演员之后，曾伤感地说：“小时候，我父亲哪怕一双鞋子也从未给过我。”可在她父亲病危，她去探望时，“一听到我的声音，他睁开眼睛勉强地笑了一笑，说‘我很高兴’。”从此，“我开始真诚地对待我父亲，我不再怀恨或咒骂他。我开始对他产生怜悯，我为他伤心，我对他剩下的只有爱。”

从这里我们可以明白一个道理，女人只有学会宽恕，放下仇恨的包袱，才能获得长久的快乐。

在现实生活中，我们的误解太多了，恩怨太多了，几乎统统打成死结，这是一个悲剧。女人的一生中，总会遇到一些给自己带来刻骨铭心之痛的人，可能是昔日的爱人，也可能是自己的挚友，或是只有一面之缘的陌生人。但不管怎么样，不管他是无心伤害，还是有意而为之，请不要带着仇恨的包袱上路，因为它会让你付出一辈子的快乐和幸福。

我们要知道，仇恨化解不了仇恨，相反，它只会让仇恨愈演愈烈。很多时候，仇恨就像是生命的重负，如果女人不肯放弃心中的仇恨的包袱，无法宽恕别人的伤害，她就是自己在仇恨自己，跟自己过不去。曾经的伤害已成事实，无法从你的生命中抹去，无论你如何憎恨那个人，他也无法感受到，更不可能让时光逆转，一切重新来过。在仇恨的岁月里，最痛苦的不是你憎恨的那个人，而是你自己。所以，女人要学会消除心中的仇恨，放下心中仇恨的重负，这样做不仅仅是宽恕别人，也是解脱自己，更是对灵魂的一种救赎。

曾经有这样的一位癫痫病患者——张妈妈，由于身体和家庭原因，她小学毕业就没再上学了。成家后，生活也是非常艰苦。后来，老伴儿也因为劳累过度中风瘫痪在床，一家的重担都落到她的身上了。因为没文化，孩子又在上学，而一家人的支出就全都靠着她给人洗衣来维持了。虽然日子过得很苦很艰辛，但是她有一个懂事的儿子，这让她感到很欣慰。可是，就是这个唯一的儿子，19 岁时却在参加一场篝火晚会时，不幸被一位喝醉的年轻人用酒瓶刺伤，当场就因失血过多死亡。可怜的张妈妈，连儿子的最后一面都没有见到。

当他得知自己唯一的儿子死了后，她心中万般悲痛，好几次都哭晕过去。在之后的日子里，张妈妈每天都会看看儿子生前的照片和衣服，她希望时间的流逝能够让她淡忘一切痛苦。然而，几年过去了，她始终无法原谅那个杀害自己儿子的人。三年的时间，张妈妈没有一天不思念自己死去的儿子，她的痛苦一点都没有减少，仇恨始终藏在心中，难以消除。

直到有一天，张妈妈在洗衣服的时候突然想起“仇人”今年也已经19岁了，和自己的儿子离去的年龄是一样，如果儿子还活着，应该有美好的前程与希望在等着他，而“仇人”现在还在少年看守所，等他回到社会后，还有什么发展？将心比心，“仇人”的妈妈也一定很难过。

刹那间，张妈妈突然很想去看看这位“仇人”。在朋友的安排下，她到少年看守所见到了那位“仇人”。当房间里只有张妈妈与那位“仇人”时，“仇人”紧紧地抱住张妈妈痛哭起来，不停地说：“对不起，对不起……”张妈妈抱着他的感觉就像抱着自己的孩子一样，那一刻她深藏心中多年的“仇恨”放下了，也就是在那一刻，张妈妈感到心里多年的包袱终于放下了。

后来，那个年轻人告诉张妈妈，希望自己出狱后有机会像照顾妈妈那样照顾她，张妈妈听后非常欣慰和感动。张妈妈对年轻人说：“我希望你以后好好照顾自己的家人，做更多有意义的事，好好经营自己的人生，走好以后的路，连同我儿子的未来也延续下去。平时有空的话来看看我就好。”张妈妈宽恕了这个杀害她儿子的仇人，同时也放下了自己心中的包袱。

人生中，既然已经产生了不可挽回的伤害，与其继续这种仇恨，不如放下仇恨的包袱。要知道，放下了仇恨，也就没有了负面情绪的困扰；放下了仇恨，才能变得平和、安详；放下了仇恨，才能积极向上、充满阳光地对待生活；放下了仇恨，才能从内心深处散发出一种恬淡、从容和自信。尽管宽恕一个人，比爱一个人更难，它需要付出更大的勇气。能够做到宽恕他人，在有限的生命中，一切才有可能变得完美和圆满。

1994年9月的一天，在意大利境内的一条高速公路上，一对美国夫妇带着年仅7岁的儿子尼古拉·格林正驾车向一个旅游胜地进发。突然，一辆菲亚特轿车超过他们，车窗内伸出几支枪管，一阵射击之后，他们的儿子中弹身亡。

这对夫妇本应该痛恨这个国家，因为在这块土地上他们失去了爱子。可是，悲伤过去后，他们作出一个令人震惊的决定：把儿子健康的器官捐献给意大利人！在意大利，即使是正常死亡的本国公民自愿捐献器官的也很罕见。于是，一个15岁的少年接受了尼古拉·格林的心脏，一个19岁的少女得到了尼古拉·格林的肝脏，一个20岁的妇女换上了尼古拉·格林的胃，另外两个孩子分别得到了尼古拉·格林的两个肾。5个意大利人在这份生命的馈赠中得救了。这件轰动一时的事足以令所有的意大利人汗颜！

1994年的10月4日，意大利总统斯卡尔法罗将一枚金奖章授予这对美国夫妇，因为他们拥有容纳百川的胸怀以及忘记恩怨、悲世悯人的情操，还有以德报怨的人生境界。

仇恨带给人们的灾难太深重了，应该怎样把仇恨化作一种美好呢？这对美国夫妇为人们做了一个成功的榜样。他们的爱子在异国无辜暴死，可他们的理智却抑制了仇恨的烈焰，并依然作出了惊世骇俗的决定，使5个年轻人获得了重生，使冤死的儿子永远活在意大利人的心中。

不要拿别人的错误来惩罚自己。仇恨只能永远让我们的心灵生存在黑暗之中；而宽恕，却能让我们的心灵获得自由，获得解脱。宽恕别人的过错，得益最大的是我们自己，它能让我们的身心变得健康，生活变得轻松愉快。宽恕别人，不意味着为犯错的人找借口，而是将目光集中在他们好的方面，从而把自己从痛苦中拯救出来。

放下仇恨的包袱，忘掉恩怨和仇恨，一个成熟的、快乐的女人，是懂得宽恕别人的过错的人。真正善于做人的智者，总是敞开大度胸怀，不计前嫌，放下恩怨，与人和气相处，然后把心思集中在自己所要做的大事上。女人，为了你自己，为了那些还爱你的人，为了那些还能够享受的美好，选择宽恕吧！当你放下了仇恨，才能获得应有的自由，才能放下心中仇恨的包袱！

善待自己，给怨恨一个休止符

苏格拉底曾说，“生气就是在用别人的错误惩罚自己。”同样，我们可以说，怨恨也是在用别人的错误和伤害再一次惩罚自己。人生在世，不经意间可能就会和别人产生一些恩怨纠葛，如果不能包容，却一直抱怨，甚至为了各种矛盾和错误烦恼怨恨，那么也就是在惩罚自己，就是跟自己过不去。这样一来，我们又如何能够得到快乐和幸福呢。所以，女人宽容大度，给怨恨一个休止符，是在原谅别人，也是在善待自己。

美国南北战争时，林肯的朋友斥责他的政敌，林肯说：“大概我不懂得仇恨是什么，你们怎么比我更怨恨他呢？我觉得这种怨恨不值得付出了。谁能浪费如此宝贵的时间去争执不断呢？如果有人诬蔑我，我总是不再回忆。”

在一个贫瘠的农场里，艾迪斯和法兰克日子过得很艰辛，一毛钱都得掰成八瓣算计着花。艾迪斯一直很想买套窗帘和其他东西来装饰简陋至极的房子，她以在密苏里的干货作抵押买了这种无甚大用的奢侈品。法兰克却被这份账单吓坏了，很担心他们的债务。于是，他偷偷告诉店主不准给艾迪斯赊账。听说这件事后，艾迪斯立刻火冒三丈，50 年后都没有原谅法兰克。在以后的生活中，她无数次谈起这件事。当她已经 79 岁时，她还没有忘记这件事，每当和朋友聊天时，她都会显得非常恨法兰克。

这里的艾迪斯为了这痛苦的回忆付出半生的代价，这半生以来，她心灵的宁静彻底丧失了。这是多么昂贵的代价啊！在那炼狱中煎熬半个世纪，只是没有一个人能先喊“住手”！没有一个人能评估其中的损失，然后说：“让我们立刻停止敌对行动吧，平静的生活已经被我们破坏了，立刻结束吧！”所以，不妨给怨恨画一个休止符，宽容别人就是善待自己，一个懂得包容宽容的女人，她必然是心态良好内心平静的人。这种平静充实的状态对于我们就是最好的礼物。

现实生活中的我们，大多数会有这样的感觉，当我们恨一个人或者对一个人生气的时候，我们总是情绪激动，总是在想这个人的种种不好，结果自己整天变得很紧张，很累，稍微有一点点不好的事情就大发雷霆，而且越想越愤怒，越想越生气。但是，如果我们原谅一个人之后，我们发现，整个人都轻松了很多，我们不再在乎外界发生了什么，我们内心是平静的，舒缓的，对待别人同样也有了好的态度，我们的心情和整个状态都会好很多。

女人要学会善待自己，给怨恨画一个休止符。人们通常说，恨一个人其实是在这个人身上浪费时间。如果有人对我们犯了错或是伤害了我们，其实很多时候没必要在这个人身上浪费时间，也没有必要再去怨恨他。我们能做的最好的抵抗就是宽容他，开开心心过好自己的每一天，而且越过越好。

彤彤是一个公司的职员，偶然的一次机会，遇到并很快爱上了一个名叫李东的出租车司机。当时身边很多人都劝她说，他们不合适。然而，单纯的彤彤认为自己找到了真爱，所以，义无反顾地和李东在一起。他们在一起生活了两年，彤彤每个月把自己的工资全都用在了日常的开销上，而李东从来没有拿回家一分钱。总是说，“我现在要寻找机会，发一笔大财，将来让你过上好日子，所以我就不往家拿钱了。”都说热恋中的女人的智商为零，这话同样适合彤彤，她对李东的话信以为真，从来不多想。有一次，彤彤碰到同单位的同事，同事告诉她，我刚才好像看到你男朋友在和一个女孩逛街呢，不知道那个女的是谁？彤彤开始以为可能只是一个普通朋友之类，所以没有在意。但是之后两次，又有人告诉她李东和另外一个女孩在一起。

彤彤心里开始有些不安，她开始偷偷查看李东的手机，发现有一个叫美美的女孩子经常和李东联系。彤彤就打电话给美美，但是没想到美美却直接告诉彤彤，自己已经跟李东相恋好几个月了。原来，李东一直脚踩两条船背着彤彤在和这个叫美美的女孩子交往。这个时候，很多人都劝彤彤，让李东赔偿你一笔青春损失费，然后离开他。但是彤彤没有这么做，而是自己悄悄离开了男朋友的家。过了不久，男朋友来找彤彤，彤彤对男朋友很客气，说我们还是好朋友。很多人都说彤彤太不值了，就这么放过了这个玩弄感情的家伙。可是彤彤说，我只是没有时间和精力去恨他。

两个月后，单位的另外一个男同事追求彤彤，彤彤很快投入了爱河，不久就结婚了，但是她有时候还能接到李东的电话，他们还是好朋友。她放下了以前的事情，生活得非常幸福。

有时，伤害已经产生，怨恨也是无济于事的，不如选择宽容，给仇恨画一个句号，这样，宽容了别人，也善待了自己。包容大度是女人的一种绝佳状态，蕴含着无穷的力量。它能化解世间的一切争执矛盾，融化任何人际交往的坚冰。人生万象，无不充满了矛盾对立，当事物矛盾激化的时候，如果继续争执，带来的就是灾难和伤亡，这个时候如果我们能够用宽容的胸怀去包容，通达的心情去体谅，温暖的话语去滋润，那么战争就能演化为和平，矛盾就能演化为友情。

如果别人伤害了你，你用同样的方式回敬它，人们只会把它看成是一场普通的闹剧。但是如果别人伤害了你，你能够用包容宽容的方式去回敬他，那么你必然会得到别人的支持和赞扬，人们会更加敬佩你的大度，对你更有好感，而对伤害你的人，则更加不齿和憎恨。让对方失去了所有人的好感，让他感受到来自各方的压力，这就是你最终的胜利。

在日常生活中，不管是感情方面造成的伤害，还是其他的方面的伤害，女性朋友如果能够以宽容大度的心胸去看待别人对你犯下的错，用容忍去化解和对方的矛盾，那么不仅仅会消除心中的不快，还能够赢得他人的赞扬和尊重。

放下怨恨，宽容别人，就是善待自己。包容是来自大地的能量，它能够带给你无尽的力量和勇气，请用你的包容和胸怀，好好经营自己的幸福生活，用你的宽容和大度，好好营造温馨幸福的氛围。我们能够包容别人，就能够获得更多的宁静和满足，真实地感知生命，享受生活的美好。所以，宽容不仅是一种心态，更是一种哲学，一种策略。放下了怨恨，宽容了别人，你得到的不仅仅是自己内心的宁静，还有更多的尊重。

女人要放下仇怨，学会宽恕

大千世界，芸芸众生，有谁能够肯定自己不会受到情伤，而因爱生恨的事情又何尝少呢？然而，面对恋爱或婚姻中造成的伤害或是仇恨，女人又该以什么样的态度来对待呢？特别是面对一段感情，如果真的爱过，女人想要轻易放弃谈何容易。面对情感的伤害，有些女人开始意志消沉，性情大变，对爱情失去信心。其实，这样都是不值得的。所以，要想做一个聪明的女人，就要学会放下仇怨，主动宽恕他人的错误，这样才能从容面对这一切。

季洁与许枫相识时，她还没有毕业，最后一学期，学校派她到许枫所带的班级实习。第一次见面时，许枫简短有力的表达，深深地打动了她的内心。她知道，眼前这个人正是自己一直在寻觅的知己。经过一学期的了解，还有好心人士的牵线，两人最终走在一起。

许枫比她大 8 岁，无论是生活上还是工作上都给了她无微不至的关怀，婚后没多久，季洁便生了一个可爱的女儿。看着许枫的高兴样，季洁坚信许枫绝对不可能背叛她。后来，许枫到一家外企去发展，因为表现良好，单位派他驻青岛三年。即使两地分居，季洁坚信许枫不可能做出对不起自己的事情来。转眼两年多过去了，眼见许枫快要调回来了，季洁为即将到来的全家团圆高兴万分，可是，许枫打来电话说有事还不能回去。

没过多久，一个漂亮的女人到她家拜访，凭知觉，季洁觉得这个女人的到来与许枫有关。果真不错，女人开门见山地说道："你放了他吧，许枫已经不爱你了，没有爱情的婚姻是不幸福的。我已经怀孕6个月了，许枫舍不得让我打掉孩子。"听着这些话，句句如针扎得她心痛万分。许枫的背叛，让她内心充满了仇恨，只想赶紧与他办完离婚手续。可是，冷静下来一想，为了孩子，她不能这样做。她已经失去了快乐，她不希望孩子也失去快乐。

于是，她与许枫协商婚内分居，两人共同生活一个屋檐下，却形同陌路。在孩子面前，她表现得很正常，可是转过身去，她依然还是那个孤独的她。整整三年时间，无论是孩子，还是双方老人，还是同事们，根本没有人发现她的异样。可是，这三年来，她每时每刻都在饱受煎熬。虽然，许枫已经决定留下来，可看到他每天在自己眼前晃来晃去，她都会想起他对自己的背叛，内心就会异常难受，有一个声音在告诉她：绝不能轻易原谅他。

我们看到，在这长达三年的分居中，季洁心中的怨恨始终没有消散，反而越来越刻骨。这样的生活，既折磨了许枫，同样也消耗了自己。其实，聪明的女人知道，这种做法是很不理智的。一个女人不肯放下他人的背叛，内心也就无法接受他人，而让自己活在怨恨与折磨当中度过，这是一件多么愚蠢的事。

现实生活中，像季洁一样的想法的女人大有人在。这些女人事发前正是因为内心太过偏执，认为男人根本不可能会犯这种错。因而，当男人真的背叛她们时，根本无法接受这一现实，她们认为一份完美的爱情就应该彼此忠诚、始终如一。因而，无法放下对方的错，甚至产生仇恨心理，这样一来，自然也就无法真正得到心灵的解脱。其实，“人非圣贤，孰能无过?”女人要明白，感情的承诺听听就可以，不能完全放在心上。感情不是永恒不变的，他今天能对你说，明天就也可以对别的女人说。如果真要被男人的花言巧语所迷惑，到头来受伤害的是自己。

还有一些女人在面对情感的伤害时，认为只要不原谅对方，就可以让对方得到教训。也就是说：“只要我一天不原谅你，那你就没有好日子过。”许多女人便想尽办法来惩罚男人的错误，以为这样可以达到自己的目的。现实情况是，男人想怎么做就怎么做，女人要不要让他感到愧疚，对他差别并不大，但是赌气却会破坏女人自己的生活，还会破坏女人自己的心情。

所以，面对情伤，女人要学会坚强，女人要懂得只有原谅才是出路。原谅，不仅仅是让对方得到谅解，更多的是让自己内心得到救赎。

陈佳是一家保险公司的职员，阳光明媚的下午，她打算去拜访一个大客户。然而，原本貌似美满幸福的生活随着一通电话的到来而破碎了。电话是医院打来的，丈夫景丽正躺在那里，等着她签字做手术。听到令人难以置信的消息，她急速赶到医院。

医院里，陈佳见到景丽，同时，还看到与他一起出事的女孩。看着身受重伤的景丽，以及躺在他身边的漂亮女孩子，陈佳顾不得多想什么，忙着办理手续。终于漫长的手术结束后，两人被再次推了出来。通过对医生的询问，陈佳知道终于知道了真相。

景丽并没有去外地出差，而是陪女孩前来医院做流产，回去途中，两人遭遇车祸，被再次送回医院。景丽一直在骗她，直到此时她才明白过来，那个整天在外地出差的丈夫，其实早就跟这个女人在一起生活了，只是她还不知道罢了。

面对景丽的背叛，陈佳虽然愤怒，可是，她还是深爱着这个男人，经历过那么多困难才走到一起的感情，她真的不舍得放下。于是，她每天都坚持来医院照顾两个人，希望能够感动景丽，再回到自己身边来。可是，她的付出，换来的并不是景丽的感动，而是景丽决绝地要求离婚，理由是要负起责任，照顾那个女孩子一生。这一幕多熟悉啊，景丽曾经为了要负责，抛弃了他的前妻，选择了陈佳，那么，谁又将是这场爱情接力赛中的下一位呢？

被感情折磨的陈佳开始严重失眠，吃药也没有效果，她眼前总是会出现景丽的前妻王丽的笑容。这位曾经给过她很多帮助的女人，此刻是否正在嘲笑她呢，这个想法让她坐立不安，于是，几个月后的一天，她去拜访曾经的老朋友王丽。

看到王丽乖巧的儿子、温暖的家庭，陈佳知道她现在过得很幸福。可是，再看看自己现如今的样子，她认为这是抢走别人老公的报应。王丽却安慰她说："其实，他的本性是这样，我们凡事要多站在对方角度上想想，对于他的博爱与担当，你我都是受害者罢了。事情都已经过去了，又能算得了什么，就当它没发生过。只有原谅他们，我们才会活得更好。"听了王丽的话，陈佳的内心慢慢地平静下来。虽然，有时还会心痛，但是，她已经不再抱怨了。

我们看到，陈佳遭遇情感危机时，内心被痛苦折磨。她试图感动景丽挽回这段感情，可是，她几个月的付出，换来的却是对方无情的分手要求。这让她想起曾经伤害过的王丽，她终日无法入梦。然而，王丽的一席话，让陈佳明白了：不能因为情感的创伤，而怀疑一切，应该多尝试着站在对方的立场上考虑一下。的确，感情背叛会让我们痛苦，然而并不能摧毁我们的一切，只要能够坚强面对，我们依然可以笑着面对世界。女人只有懂得原谅，才能从伤痛中走出来。只要自己愿意，生活依然能够回到原来的样子。

在情感世界里，女人往往容易受伤害。所以，聪明的女人不会对爱情抱太多幻想，即便受到伤害，也不会过于怨恨对方，而是放下仇怨，试着宽恕对方。只有原谅了对方，女人才会放下心中的包袱。要用从容平静的心态来看问题，否则你会陷在仇恨的怪圈中无法走出，女人的眼前也只剩下仇恨，生活根本就没什么幸福可言。

女人的一生，也许会走一些弯路，情感的背叛也许会让女人伤心痛苦。所以，聪明的女人要学会放下仇怨，懂得放下心中的怨恨，学会宽恕。只有这样，女人才能重新找回属于自己的幸福生活。如果你也想拥有幸福的生活，那么，不妨学会放下心中的怨恨，用一颗宽容的心去对待那些伤害过你的人吧！只有放下抱怨与仇恨，女人才能发现美好的生活。

女人要懂得宽恕并善待你的“敌人”

圣经中说：“对你的敌人充满爱心，祝福诅咒你的人，善待仇恨你的人，并为迫害你的人祈祷。”这是一种宽恕，也是一种博大的胸怀，一种不拘小节的潇洒，一种伟大的仁慈。对于“敌人”，女人也应当懂得宽恕和善待。

林肯认为：“没有人该为其行为受到赞美或斥责，因为每一个人都受制约于有限的教育条件及环境，而由此形成的习惯与个性特征造就了我们的目前状况及未来走向。”

可以试想一下，如果我们像对手一样遗传了同样的生理、心理及情感的个性特征，如果我们的人生轨迹也完全吻合，也许我们会出于同样的目的做出与他们完全相同的事，因为我们可能没有其他选择。所以，很多时候，与其憎恨“敌人”，不如让我们怜惜他们，并感谢苍天没有让我们重蹈他们的覆辙。与其诅咒“敌人”，不如谅解、同情、援助、宽容这些人并为他们祈祷。

从古至今，能够做到不怨恨他人或“敌人”的人，一直被世人所尊重和敬仰。加拿大一个国家公园有西部最壮丽的高山峻岭。1915 年 10 月 12 日，英国护士卡韦尔在德军集中营殉难，这座山就是为纪念她而命名的。罪名是什么呢？她在比利时家中曾收留照顾一批受伤的法军与英军，并协助伤员逃往荷兰。在她面临行刑的那天早上，一位英国牧师到监禁她的布鲁塞尔集中营看望她，卡韦尔喃喃说："现在我才明白，爱国情操是远远不够的。我不会对人心怀仇恨，我无怨无悔。"4 年后，她的遗体被送回英国，并在西敏寺庄重地举办了一场纪念仪式。墓碑上刻有不朽的话语："现在我才明白，爱国情操是远远不够的。我不会对人心怀仇恨，我无怨无悔。"

要想真正宽恕原谅我们的"敌人"，最有效的方式还是祈求于比我们强大的内部力量。因为人们可以忘记一切，羞辱当然也可以忘记。

人称"圣雄"的甘地，是 20 世纪印度民族独立运动最著名的领导者，也是印度国民大会党的主要领导人。甘地不仅是出色的领袖，更是杰出的思想家，他的思想和主张对整个印度半岛产生了巨大而深远的影响。

甘地的思想很特别，他的政治观念是建立在印度传统宗教思想基础之上的。英雄式的忍耐性，使甘地的"非暴力运动精神"注入到了印度人的灵魂之中，从而让英国殖民当局武力式的压迫在"非暴力运动精神"面前显得苍白无力、毫无办法。

作为一个纯粹的精神运动领袖，甘地本身所具有的无限的宽恕和无限的忍耐始终贯穿在他发动的革命运动之中。在甘地领导的工作中，找不出丝毫以权谋私的痕迹。他总是以牺牲自己的伟大精神来对待工作，并希望借此号召其跟随者，并感化敌人。甘地的心灵永远是虔诚、仁慈的，甘地的胸怀永远是博大、宽容的，哪怕是面对敌人也毫不改变。

由于甘地所采取的非暴力不合作运动政策，严重影响了当局的统治，所以遭到部分激进分子的强烈反对，同时，英国当局又使出浑身解数迫使他屈服。有一次，甘地在大街上被一群暴徒无情地攻击和毒打，这群人一直打到以为他断气了才离开。

然而，很多次，甘地身上的伤还没好，又被捕入狱，判刑后又去做苦力。在那段非常时期里，甘地仍然以他那无比的度量、最大的包容宽恕暂时的、永久的政敌，他继续为鞭打他的人奋斗，继续走自己既定的道路。甘地就是依靠宽恕赢得了人民的拥戴乃至敌人的敬佩。

在现实中，能够做到宽恕自己的敌人已属不易，已经能够显示出宽广博大的胸怀，做到善待并爱你的“敌人”，又是怎样的一种境界呢？

几年前一位著名的学者曾访问过琼斯一手创办的学校，并在那里作过公开演讲。现在这里已是一所闻名全国的学校，这位学者要讲的故事比这还要早些。当时正值第一次世界大战，密西西比州中部的某个小镇谣言四起，传闻德军将煽动黑人叛变。黑人教师兼传教士琼斯就是其中之一，他被控煽动叛乱，因此要被处以极刑。一群白人驻足教堂外，听着琼斯在教堂内布道：“生命是一场战斗，黑人们！拿起武器吧！为成功夺取生存而战。”

“战斗！”“武器！”够了！这些激愤的青年白人冲入教堂，用绳索粗鲁地套住琼斯，在路上拖了他一公里，推上绞架准备绞死他，燃起木柴，也同时烧死他。有人狂喊：“叫他说话！说啊！你再说啊！”

于是，琼斯面不改色地站在绞架上，绞索悬在脖子上，开始谈他的理想与人生。1907年，他由爱俄华大学毕业，毕业时有人请他经营旅游宾馆业，有人愿出资助他继续音乐教育，都被他断然拒绝了。他谈了自己的个性、学习生涯以及出色的音乐才华。为什么拒绝？因为他有一个理想——受到华盛顿传奇一生的影响，他立志为贫困黑人的教育事业奉献自己的一生。于是他找到美国南方最落后贫穷的地方，也就是密西西比州一个偏僻乡村。他典当了手表换回1.65美元，然后就在野外树林里开始办起露天学校。面对这些准备处死他的愤慨至极的人们，琼斯诉说自己奋斗的历程，希望能将这些缺乏教育的孩子们训练成能干的农民、工人、厨子与管家。他也坦率地对这些青年说，在他办学的过程中，谁曾经好心帮助他。

事后，有人问琼斯，当时恨不恨那些拖着他，想要绞死、烧死他的人。他回答说，他当时只顾着诉说比他自己更重要的事业，根本顾及不到憎恨。他说："我没时间争吵，也没机会反悔，没有人能迫使我仇恨。"

琼斯如此真诚动人的演说，特别是他不顾自己的生命安危，只为崇高而神圣的使命求情的从容镇定，使暴动者们开始心软了。最后一个老者站出来说话："我相信这是真的，这个人我认得，他在为慈善事业奉献。是我们错怪他了，他不应该被吊死，我们应该帮助他。"老者开始摘下帽子，在人群中向那些想吊死琼斯的人募集了52美元，只是为了琼斯那些令人感动的话："我没时间争吵，也没机会反悔，没有人能迫使我仇恨。"

斯宾诺莎说："心不是靠武力征服，而是靠爱和宽容大度征服。"所以，女人也要学会爱你的"敌人"，虽然很简单的一句话，但是做到了将会令世人多么的尊重和敬仰。不可否认，这是件很难做到的事，因为绝大部分人看到"敌人"，都会有灭之而后快的冲动，或环境不允许或没有能力消灭对方，至少也保持一种冷淡的态度，或说说让对方不舒服的嘲讽话，可见要爱"敌人"是多么难。如果一个人能原谅、宽容甚至是善待别人或者敌人的冒犯，就证明他的心灵乃是超越了一切伤害的。

原谅别人就是解脱自己

西方有位哲人曾说："伟大的人物有两颗心灵，一颗在流血，一颗在原谅。人与人之间难免有碰撞、有摩擦、有矛盾，或许对方根本就是无意，或许对方有难言之隐，退一步天地宽，不妨置之一笑，给别人也给自己一次机会，也许会有意想不到的收获。"

一个人行走在这个复杂的世界上，受到伤害或者欺骗总是难免的。受到别人的伤害之后，我们会伤心、难过，然而聪明的女人懂得在气愤、伤心之后，更重要的是要尽量放宽自己的心胸，以宽容的心态去包容他人。若能做到这一点，那么无论对我们自己或者对他人而言都是一种解脱。

女人在受到伤害后，往往不容易原谅别人。有时候，也许有一个人在有意无意中伤害到了你，于是，你便怀恨在心，久久不能释怀，更不能原谅他。然而，回头想想，面对已成的伤害，即便是不原谅，也是于事无补。而你心中的仇恨只能让你变成一只作茧自缚的蚕，将自己束缚在吐出的烦恼丝之中。

曾经有这样的一个人，他多年来一直生活在对他的一个朋友的愤怒、仇恨、沮丧和痛苦之中。

事情是这样的，从学校毕业后，他和他的同学一起去一家公司上班。由于在学校已经是很要好的朋友了，甚至到了无话不谈的地步。有一次，他们一起拜访了一位大客户，几乎谈成一单大生意。已经有了合作的意向，只等第二天签合同。他和他的同学非常兴奋，在宿舍里喝酒庆祝。结果他喝得酩酊大醉，一直睡到第二天清晨。醒来后，发现他的同学已经不见了。等去了公司才得知，他的同学竟趁他烂醉如泥的时候，提前签成那单生意。当然，所有的功劳都成了同学一个人的。

他去找他的同学算账。对方辩解说，喝完酒，心里不踏实，所以打算连夜将那个合同搞定。想和他一起去，可是叫了他半个小时，也没能把他叫醒。他当然不信，可是有什么用呢？因为那单大生意，他的同学升了职，并一直做到部门经理；而他在很长一段时间里，一直是公司的一个小业务员。

然而，他想到事情已成定局，再抱怨已经没有什么作用了，于是他接受了事实，继续埋头苦干，一年后也升了职。但是他心中一直有个疙瘩，不管他怎样努力，但就是不能原谅那个同学。他和同学彻底绝交，拒绝出席一切有那个同学在的场合。他说只要看到同学那张脸，他就愤怒到极点，恨不得将那张脸砸扁。他时常和身边的朋友说起这事，他说他什么都可以宽容，但就是不能够宽容卑鄙；他谁都可以原谅，就是不能够原谅这个同学。

尽管后来，他的那个同学多次找到他，跟他道歉。可是由于积怨已深，他对同学的道歉总是置之不理。其实他自己也并不快乐，尽管他也升到了部门经理。可是同在一个公司，哪怕再小心翼翼，也难免会见面。每到这时，他就会把头扭向一边，脸色铁青，哪怕一秒钟前他还在捧腹大笑。这样他也觉得自己很难受。本来，犯错的是那个同学，要受到心灵惩罚的，也应该是那位同学。可是到最后，难受的人竟成了他自己。并且，这种痛苦一直持续了好几年。

很明显，他难受，完全是因为他心中有了太多的怨恨。如果一个人对另一个人有了仇恨，那么，他就会不快乐。其实，如果他原谅同学曾经的过错，对于他自己又何尝不是一种解脱呢。

后来，这个人最终还是试着跟那个同学交流了一下。结果，多年的积怨一扫而光，他们再次成了朋友。因为不必再刻意回避那个同事，所以他的事业也更加顺利，并再次升了职。早知道可以这样，为何又要这样跟自己过不去呢？

生活中，当别人伤害了你时，如果你无法原谅，而是一味地怨恨，抱怨，那么最终会使得自己精疲力竭、未老先衰，一辈子都无法再感受到幸福。曾经有人将怨恨比喻为“一条怀抱在胸前的毒蛇”，它恶意的毒液会伤害到你，甚至结束你的生命。所以，为了自己的幸福和快乐，我们应该把怨恨的情绪丢开，试着去包容那些令自己耿耿于怀的人和事。就像有位哲人所讲的那样：“怀着爱心吃青菜要比带着愤怒吃海鲜强得多。”

所以，很多时候，面对这些，原谅别人就是解脱自己。我们仔细想想，我们为使别人痛苦，而自己的痛苦仍然存在，那又有什么快乐，有什么满足呢？要减低伤痛，除了忘记，便是宽恕，再没有更好的办法了。

有一位哲学家曾经说过，堵住痛苦最好的方法就是原谅。冤冤相报抚平不了你心中的伤痕，它只能把双方捆绑在永久的痛苦回忆中，而宽容则能带来治疗内心创伤的奇迹。

玛利亚在不到30岁的时候，丈夫就去世了。好在他们还有个名叫戴维的儿子，这让玛利亚的日子不会感到太过孤单。

然而，就在戴维17岁那年，不幸发生了。由于意外，他被一群游手好闲的坏孩子砍伤，最终抢救无效死亡。这种中年的丧子之痛令玛利亚无法承受，她几乎连眼泪都哭干了。而当她每一次走上街头，看到那些叼着烟卷、一脸坏笑的小混混时，她都恨不得冲过去将他们撕个粉碎。

玛利亚就这样痛苦地生活了好几年，后来，在一次"拯救灵魂"的公益活动中，她碰到了一位已经十分苍老的牧师。牧师听说了玛利亚的遭遇之后，便颤颤巍巍地对她说："你的痛苦我可以理解，然而你知道吗？怨恨根本不能改变任何事情。或许，我们都应该试着去爱他们。"

玛利亚愤愤地说："去爱他们？怎么可能？他们夺走了我的戴维！"

"那已经是一个过去很久的意外了，放下这些怨恨吧！你应该试着从阴影里走出来。假如你愿意用一颗宽容的心去原谅他们，他们都会成为你的戴维！"牧师开导说。

在老牧师的一再鼓励下，玛利亚尝试着参加了这个"拯救灵魂"的团体。

刚开始参与这件事的时候，玛利亚还是摆脱不了内心深处对他们的怨恨，可时间一久，她便渐渐改变了看法。她发现，这些孩子并不像人们所想象的那样坏，他们同样渴望亲情，渴望得到爱。

在后来的日子里，玛利亚像组织里的其他成员一样，将其中的两个孩子认领下来，她会经常带着食物去看望他们，和他们交流谈心。等到两个孩子刑满出狱之后，她又认领了新的孩子……直到现在，她已经先后认领了30个孩子。在玛利亚精心的照顾和呵护下，这些孩子们似乎真的把玛利亚当成了自己的母亲。即使从犯罪中心重回社会后，他们也从没有一个人中断过与玛利亚的联系。他们会像其他家庭的子女一样，经常到家中去探望玛利亚，陪她聊天、看电视，帮她做家务，给她送这样那样的礼物……

现在的玛利亚早就从悲伤的阴影中走了出来，她欣慰地说："我从没有像现在这样幸福过。"在这个世界上，人们在各自走路的时候难免会相互间发生碰撞，哪怕是最和善的人也难免要伤别人的心。

在我们现实生活中，是否走了弯路其实并不十分重要，重要的是：他是整天牢骚满腹、忧虑重重，还是自我反省、从容面对。每个人都有自己的思维方式和处世风格，所以人与人之间总会不可避免地产生摩擦。但宽容是一位伟大的救星，它可以轻松地挽救一切，让我们笑着走到最后。

女人要懂得，原谅别人就是解脱自己。原谅了伤害你的人，解脱了自己，你就会变得更加坚强；原谅了欺骗你的人，解脱了自己，你就会把世界看得更加清楚；原谅了欺负你的人，你就会明白真正的抗争不是怨恨和报复。这里的原谅，不是一种悲观，而是一种成长；不是一种退缩，而是一种成熟；也不是一种残酷，而是我们快乐的催化剂！所以，学会原谅吧！

女人要学会用慈悲化解满腹仇恨

《优婆塞戒经·禅波罗蜜品》上说："善男子，如果能看到怨家一丝一毫的善处，不追究他的恶处，这人就已学会了慈悲。如果怨家，假如有病苦，能前去问候，探望，治疗其病体，供给他所需之物，应当知道这个人能很好地修行慈悲。"

仇恨，本就是人类自诞生的那天开始就一同来到这个世界的，如同潘多拉打开的盒子放出的痛苦与疾病一样，仇恨本就是人类最痛苦的缘由之一。人世间，正是由于仇恨，才有了人和人之间的残杀，才会有了那么多恩仇的故事，才会有那么多的痛苦。但是，每个人都不喜欢这些演绎仇恨和痛苦的故事。因为这些不断演绎的仇视敌对，才让这个世界陷入无休止的仇恨当中，使得人与人之间的暴力多过美丽、宁静。

仇恨并不能为任何人带来快乐，而只有痛苦，只有毁灭。从朝代的更替当中我们能看出，社会的进步有时充满了仇恨。其实很多时候，消除仇恨并不是非报复不可的，因为这个世上还有很多种情感都远比仇恨更强烈，更高贵。不过在仇恨的意识中，有时还包括尊重和宽容。

仇恨只是一种痛苦，也是一种对自己的惩罚。在我们的生活中，一些人被仇恨左右着自己的意志，被仇恨烧毁了自己的理性。仇恨可以使人失去理智与原本善良的本性，仇恨使人变得心胸狭窄和冷若冰霜，甚至让人丧失了对真善美的追求，变得自私与冷漠。

仇恨可以让人变得愤懑、自卑、丑陋、狭隘、思维停滞。而放下仇恨才能使自己心安理得、心胸坦荡，才能重新获快乐的心境，才能重新拥有积极活跃的思维，才能集中精力于应关注并想关注的事情之上。

“二战”时期，美国有个飞行员，他的飞行技术十分高超，而且飞行经验也十分丰富，在他的飞行生涯中未出现一次事故，他因此赢得了其他飞行员的敬佩和上司的器重。然而，让他在其他飞行员中树立较高威信的另一个重要原因是他宽容的美德。

有一次，上司派给他一项任务。当他驾驶自己的飞机从圣地亚哥飞到西雅图的途中，飞机的发动机突然起火，飞机随即下坠，情况十分紧急。但是，飞行员凭着超人的应变能力和丰富的经验，使飞机安全降落，飞机成员安然无恙。

这次的失误虽然没有造成人员伤亡，但是也引起了相关部门的高度重视。事情发生后，经过有关部门的调查：发现他的飞机出问题是因为加错了燃油。本来应该加螺旋桨飞机专用的油，而机械师加了喷气式客机所用的燃料，机械师的这一失误差点让这个飞行员及飞机上的所有人送了命。

查出原因后，这个飞行员马上命人找到加油的机械师，机械师也正因失误感到万分难过。面对这样的事，大家以为这个飞行员会大发雷霆，责骂他工作不负责任，甚至是从此就仇恨他，因为这个机械师差点害自己与其他人丧命啊。但是，这个飞行员见到这个机械师的时候并没有生气，而是走过去拍拍机械师的肩，反而安慰说："别难过了，伙计。只要下次注意些就行了。你看我的那架飞机还等着你去加油呢。"正是这个飞行员的宽容和慈悲避免了他与机械师之间的冲突和仇恨，从而减少了不必要的矛盾。

人们都认为心里没有仇恨的人，日子总是过得好些的。仇恨一个人会让自己不开心，而驱除仇恨与怨恨的最好方法就是宽容慈悲。宽容只在施予人的时候才有价值，通过宽容别人，可使人摆脱魔鬼般的过去缠绕，可以为自己创造一种全新的心境。宽容了别人，你将不再为无谓的想法而耗费精力。所以，人们经常在想如果人间能够彼此之间少一点仇恨，多一点友善，这个世界一定会可爱得多，那样人类的痛苦会减少许多。

在一座城里，有一对冤家，一个叫西蒙，住在城的西头，是城里最有名的律师；一个叫查理，住在城的东头，是城里最有名的法官。只要城里有案子，他们两人从来都是针锋相对，各不相让。时间久了，两人由于工作上的冲突和交锋逐渐演变成个人的恩怨，最后竟如同仇敌一般。

然而，不仅仅是在这里，在乡下他们依然是对头。原来，西蒙和查理在乡下都有土地，而且紧挨着，纠纷不断。两人在城里又都有店铺，西蒙开的是药店，打着救人性命的旗号。而查理开的是棺材铺，专门做死人的生意。两个人就如同前世的冤家，在今世又重逢。

无巧不成书。有一天，海外的一艘商船路过这里。从船上传出这样一个消息，说在离这里7天路程的一个孤岛上，发现了一种新的树木，如果把它用做药材，能够药到病除；如果用它来做棺材，死人的尸体永不腐烂，而且面色红润，栩栩如生。西蒙和查理都听说了这个消息，两个人唯恐对方先得到，纷纷赶往码头，准备出海去买这种树。结果两人几乎同时到达码头。可是，两个仇人说什么也不肯坐在一条船上，两个人便坐在码头上打起了心理战，盼望着把对方耗走。

两个人就这样，相持了整整一天一夜。眼看着码头上出海的船只越来越少，最后只剩下一条小船，两个人对望了一眼，无奈地登上这只小船。西蒙坐在船头，查理坐在船尾，互不干扰。第二天，小船起航了，驶向神秘的孤岛。小船行驶到第三天，海上起了大风暴，狂风裹着巨浪排山倒海般地向小船袭来，这汪洋里的一叶孤舟眼看就要倾覆了。这时，西蒙轻轻地问水手，船的哪一头先沉。水手回答说，是船尾。听到这，西蒙兴奋地说："我将看到我的仇人比我先死，死亡对我来说就没有什么痛苦了。"查理也在轻轻地问船尾的水手，船的哪一头先沉，那里的水手告诉他，船头先沉。西蒙高兴地说："如果能够看到我的仇人比我先死，我就不后悔出这趟海。"

两个人正说着，一个巨浪打来，小船骤然翻了过来，西蒙和查理双双落入汪洋大海之中。

俗话说"退一步海阔天空"，当你付出宽容，你得到的将是整个天空。而仇恨会让人失去心智，做出疯狂的举动，结果是害人害己。

人生在世，女人千万不要跟自己过不去，当别人无端地伤害我们时，我们不能光生闷气，更不能失去理智与其争吵，我们要控制自己的情绪。生活中总是会有各种各样的伤害。假如别人伤害我们，我们要明智地回避，并且及时地化解心中的郁闷之情，而绝不是自己生闷气、苦恼和痛苦，更不要逞匹夫之勇，一时之快。

生活中，一个人难免与别人发生摩擦、误会甚至仇恨，如若斤斤计较，任由怨恨的情绪滋生膨胀，便走进了死胡同，永远不能到达成功的彼岸。仇恨是一把无形的剑，可以把人的心灵扭曲成丑陋的畸形甚至失去人性，其实有时只是一点误会而已。人应当忘记仇恨，因为仇恨是一件很痛苦的事情。所以，退一步海阔天空，多一份宽容，少一份摩擦，生活的道路会越来越宽。

女人必须要清楚，仇恨永远不能化解仇恨，只有慈悲才能化解仇恨，这是永恒的真理。所以说，如果你能放下仇恨，你的心中也就没有了痛苦困扰；心中放下了仇恨，人才能变得平和、充满阳光。放下了仇恨，人才能从内心深处散发出一种恬淡、从容、自信。放弃仇恨，还自己一个明媚的蓝天。所以，面对仇恨，用爱化解仇恨，对女人自己来说，不仅是一种解脱，更是一种至高的人生境界。

第三章

不因遭受挫折而抱怨，就会赢得他人羡慕
——坚强的女人不抱怨

世间多坎坷，来到这个世上，在每个人的成长过程中挫折与苦难是不可避免的，女人也不例外。柔弱的女人在这些挫折面前往往表现出抱怨以及不知所措，甚至对人生失去希望；而坚强的女人在这些挫折与失败面前从不抱怨。她们明白，此时的抱怨对于解决问题毫无帮助，所以，她们把这些挫折与失败看作是人生的一笔财富，并从中崛起，找到自己成功的道路，取得令世人羡慕的成就。

女人要学会坦然接受不幸

巴尔扎克说过："世界上的事从来不是绝对的，结果因人而异。挫折对于天才来说是一块垫脚石，对于能干的人是一笔财富，对于坚强的人是一种考验，一种经历，而对于软弱的人来说，则是痛苦的万丈深渊。"很多时候，生活中的不幸和挫折，往往取决于我们对它的态度。

不幸从本身来说，的确是不好的事情，但是从一个人的成长来说，它并非绝对是一件坏事。经历过不幸洗礼的人，往往更坚强、更具有毅力，更懂得珍惜，因而也更可能取得成功。所以，面对不幸的时候，我们不是为了不幸去痛苦，去抱怨，而是去想如何尽快结束不幸，化不幸为力量，最终走上幸福之路。

记得有一位美国著名的演讲者，在一个近200人的屋子里演讲。在演讲之前，他先拿出一张20美金的钞票，举起来问大家："谁想要这张20美金的钞票？"

人们纷纷把手举起来。

他说："我会把这20美金给你们其中的一个人。但是，在给你们之前，我想这样做。"

他把这张钞票揉成一团，又问大家："谁还想要这个？"这时，还是有人举起手。

"那么"，他说，"我要是这样呢？"他把钱扔在地上，开始用鞋往上踩。

他把钱拿起来，现在这张钞票又褶又脏。他又问："现在，谁还想要？"令人意外的是，还是有人举起手。

做完这些，他正式开始了他的演讲："我们都学到了很有价值的一课。不管我把钱怎么样，你们还是想要，因为它的价值没变，它还是20美金。在我们的生活里，由于我们所做的决定和由此而来的环境，使我们倒下了，被蹂躏了，被踩在泥土里，我们觉得我们一钱不值。然而，不管过去发生了什么，不管今后会发生什么，你永远不会失去你的价值。肮脏还是清洁，被蹂躏还是被精雕，对那些爱你的人来说，你永远是无价之宝。"

人生也是如此，当你遭受生活中的不幸时，也要学会坦然面对。女人也要明白，人生中磨难和挫折是难免的，而且，如果上帝给予了你磨难，他必定也会帮你走出这个磨难。

生活在这个世上，每个人都会经历许多事情，有幸福也有不幸。因此，要想做一个坚强积极的女人，就要知道如何去坦然地接受生活中的不幸和挫折。只有能够承受不幸和挫折的女人，才能够享受幸福，把握住手中的幸福。

不可否认，谁都不愿意遭受不幸。很多时候，有些不幸对于每个人来说都是一个噩梦，人们都不希望遇到它。但是不幸往往都是不期而至的，不能由人所控制。我们只能尽其可能地避免不幸，但是，有一天不幸真的降临的时候，我们要做的不是害怕，不是躲避，而是要去面对和接受，学会从不幸当中吸取教训，从不幸当中找到希望，最后战胜自己，集聚心理的力量，去征服不幸，获得幸福。

不幸有时就像恶魔，你越是害怕它、躲避它或者纵容它，它就对你越凶狠、越贪婪、越残忍，但是如果你直接面对它，表现出你的坚强和勇敢，和他搏斗，和他抗争，那么它就会被你征服，最后灰溜溜地逃走。

生活中的每一个磨难都给女人提供了一个改善自己的条件和机会。任何女人都可以放弃这种机会，这是世界上最容易的事。但是，能够理解这种机会，并且当其他人都认为你会放弃，你还能镇定自若地抓住这种机会时，这才是真正的力量。

在我国浙江省曾经发生过这样一件事：20世纪80年代，一个年轻的母亲，因为怀孕期间不慎服用了感冒药，她的孩子出生后听力受损，无法和正常的孩子一样说话。这个母亲面对突如其来的打击，非常痛苦，但是她很快接受了事实，积极地寻找解决的办法，她带着儿子走遍了全国的各大医院，但是都没能让儿子的听力恢复。后来在北京一家医院里，一个专家告诉她，她的孩子只是听力受损，发音能力和视觉能力是正常的，只要教给孩子如何发音，他可以根据口形，和别人进行正常的交流，甚至可以进入学校学习，这位母亲听到后非常高兴。回到家后，她给孩子买了教材，各种资料，连夜阅读，之后开始一个字母一个音节地教给儿子。

俗话说，万事开头难。开始的时候，儿子怎么学也教不会，有时一个简单的发音，学了一个礼拜还没有效果。当时很多人劝她说不要再折腾了。但是这位母亲不放弃，她仍然坚持每天让儿子坐在对面，教他发音，教他如何辨认自己的口形。

经过三个月的努力，儿子终于可以说一些简单的词和对话了。当儿子第一次叫出“妈妈”两个字的时候，这位母亲激动得热泪盈眶。后来的时间里，他每天都会教儿子发音对话。皇天不负有心人，在她的指导下，儿子和普通人进行简单的对话已经不是问题。但是转眼到了儿子上学的年龄，所有学校都因为她的儿子是残疾人，拒绝接收，让他们到聋哑学校去。这个母亲认为自己的儿子已经具有正常的学习能力，一定能和普通的孩子一样学好。于是，她买来小学课本，自己教儿子读书。到了高中，为了能够帮儿子补课，她自己报了成人大学去学习，之后回家慢慢教给儿子。

付出终有回报，儿子在18岁那年，以优异的成绩顺利考进了江苏某所知名大学，成为一名大学生。

这位母亲是伟大的、坚强的，面对这样的不幸，她用自己的实际行动坚定了信心，用自己的方式去解决了这些不幸。做到了这些，不幸的阴影就会逐步消失，取而代之的将是成功的欢乐和喜悦。试想一下，如果这位母亲面对这个不幸选择妥协，选择放弃，选择随波逐流，那么在以后的日子里，她将会面对越来越多的不幸。

不幸是很可怕，但是如果我们能够用正确的心态面对它，就能将它变成幸福。现实中，女人总是从平坦中获得的教益少，从磨难中获得的教益多；从平坦中获得的教益浅，从磨难中获的教益深。因此，如果你想做一个非常平凡的人，则是磨难少一些更好；如果你想做一个出类拔萃的人，则不妨多经历些磨难。当你觉得磨难已经把你推到了极限，你不能再往前进步时，也许这可能正是一个让你取得圆满成功的最沉重的一扇大门。如果你还没有尝试这一次，你可能永远都不会知道。

人生是有许多机遇的，幸运女神会垂青每一个人。对于好心态的女人而言，幸运女神总是慢慢地向她走来，在诸多的不幸让她放慢脚步之后，幸运女神总是会光顾她。因此，当女人遇到磨难时，一定要懂得开发自己在磨难中的智慧，期望你有能力接受磨难，有勇气去面对自己，并且能发觉这些磨难能教给你什么。如此，你就会发现让你惊奇的结果。

女人要学会正视人生的不如意

俗话说："人生不如意事常八九。"的确，人生在世，不如意的事情随时会有，然而对待这些不如意，是逃避还是正视，完全取决于你自己。生活就像是一面镜子，面对它，如果你选择微笑，那么它就会还给你微笑；如果你选择悲观厌世，那么，它所能给予你的也必定是伤心难过。

其实，生活有时就是一首苦与乐的交响曲。女人这一生，不如意的事情太多，然而，面对人生的失意，女人是该宽容对待还是悲伤的逃避，这完全在于女人自己的选择。女人如果想要拥有美好幸福的生活，就应该学会正视人生的不如意，用一颗包容的心对待人生的不如意。

由于社会竞争越来越激烈，所以社会上常有这样的一种现象。每年一到毕业的季节，报纸上就有大学生求神拜佛的报道。祈求能有个好工作，祈求能考中公务员……媒体当然会有批评的语气，认为这是迷信思想。但这些学子，也许并不是真的认为菩萨的存在，他们只是迷茫在自己的挫折和不如意里。面对人生的不如意，当盲目追求已经成为现代人在高节奏生活中不可根除的通病时，聪明的女人应该是保持清醒，理智从容地面对激烈的竞争、面对成功与失败，正视人生的挫折。

台湾有个女孩叫黄美廉，她从出生开始就患有脑瘫性麻痹，下半身瘫痪，听力和视力受损。但是她的父亲坚持认为她是一个神童，认为她可以成为一个优秀的人。父亲从来没有把她当一个残疾孩子对待，而是积极培养她，亲自教她各种知识。如今，15 岁的黄美廉不仅仅是奥林匹克数学竞赛的冠军，而且她的小提琴拉得很棒，还弹得一手好钢琴，还会写诗、作画。她后来通过常人难以想象的努力，获得美国加州大学艺术学博士的学位，很多中学都邀请这个虽然残疾但是才华出众的姑娘去演讲。有一次，在一个中学的演讲会上，一个女学生问黄美廉，你为什么在人生的这么多的挫折和不如意中总是能保持那么快乐？又怎么能取得那么多成就呢？黄美廉笑着转身在黑板上写下了：第一，我很可爱；第二，我的腿很长很美；第三，我的爸爸妈妈很爱我；第四，我会画画……之后，黄美廉说，所以，我只看我有的，而不去看我没有的。

磨难并非就是坏事情，因为它提高了女人对待困难的信心和勇气。对于心态良好的女人来说，不幸只是她前进路上的一粒小小的石子，偶然被绊倒在脚下，只要抬起脚，向前迈一步，那么就可以超越挫折和不如意，重新回到平坦宽阔的大路。在人生的选择上，只有勇于直面人生磨难的女人，才会领略和把握人生的奋斗哲学，从而客观地摆正自己的人生道路。经过磨难的女人更有魅力，也更懂得幸福的含义。

“这种事情怎么会发生在我的身上?”很多女人都有类似的抱怨。然而，很多东西不是我们能够决定的。该来的终究会来，该走的什么也留不住，面对失去不停地抱怨不会有任何作用。女人不需要眼泪，因为当一个女人无助的时候，眼泪只会带来懦弱和更多伤感；女人也不需要抱怨，因为当一个女人面对厄运时，抱怨只会进一步摧毁自己的信心与毅力。只有坚强才会让一个女人真正地成功和幸福。只有自己的奋斗，才是最坚实的依靠。创造幸福是这样，面对困境也是这样。

人活一世，经历挫折与失意是在所难免的，如果女人能够从挫折与失败中汲取教训，那么，即使再大的挫折与失败都是值得的。然而，现实社会中，许多女人经受不住一点挫折的打击，稍有不顺心的事情，就抱怨上天不公，更有甚者想到轻生。其实，人生的快乐与否，并不是取决于女人物质生活水平的高低，而是在于心态如何。

有了委屈，可以倾诉，但不能奢望倾诉能解决问题。没有人能够真正地拯救你。不管受了多大的委屈，可以寻求沟通，通过交流、谈话及沉默等方式去处理问题，但是，切记不要被失败、困难、挫折所打倒。你可以哭，你可以笑，但是，要把眼泪留给深邃的黑夜，不要留给明媚的白天。

面对人生的失意和不如意，要学会坚强面对。人生充满失意，然而一个普普通通的女孩，却用她的亲身经历为我们谱写了一曲自强不息的生命赞歌。这个女孩就是王婷，这位来自上海的开朗女孩凭自己的实力，在雅典残奥会 F54 至 F55 的铁饼比赛中以 16.47 米的骄人战绩为中国军团再添一金。看着她领奖时开心迷人的笑容，又有谁能知道她奖牌背后的生活。

王婷出生于江西农村，她的父母都是上海的知青，在当时那个年代，日子不好过。就在她 8 个月大的时候，一次误诊改变了她一生的命运。她得了小儿麻痹症，然而，当时却被误诊为其他病。正是这次误诊让她失去了最佳的诊疗时间，最终造成双腿瘫痪。面对这沉重的打击，她并没有抱怨命运的不公，而是坚强地面对这些。因为她明白，即使再哭再恨，也不可能换回自己的双腿。既然如此，还不如学着用微笑去面对人生的失意。

对人任何人来讲，这都是一个不小的打击。残疾人意味着将要面临很多难题，首要的可能就是学习和工作了。虽然，她靠努力学习以优异的成绩考取了高中，然而，当得知她的身体情况后，所有的学校都拒绝了她的上学请求。这样的打击，并没有打消她独立生存下去的勇气。在家休息一年以后，她又接着开始给自己的生活做打算，她尝试着就业。虽然，也有不少的热心人士主动提出帮助，然而，工作的事情还是没有着落。不给工作机会也就罢了，还有一些人对她的行为说一些风凉话。这些都没有打倒她，面对生活她依然乐观积极。也许，正是她的乐观开朗感动了上天，1999 年，她便以微笑迎来了人生的巨大转机。她被专业教练选中，从此开始轮椅竞速的运动生涯。从那儿以后，她屡次在运动会上取得优异的成绩，一次次地为自己、为国家争光。这就是一个用微笑面对生活的残疾女孩的感人事迹。

虽然，命运之神让王婷从小便失去了双腿，然而，她用自己的坚强、包容与努力让生命焕发出别样的光彩。她的人生虽然遭受极大的挫折，然而，她没有悲观埋怨，仍然以坚强乐观的心态来面对人生中的不如意。也正是她坚强不屈的信念支撑着她寻找到人生的方向，迈向成功之路。相信与她相比，时下许多年轻女性遭受的挫折根本不算什么，至少她们还有一个健全的身体，那么，女人还在害怕什么、抱怨什么呢？人生不容易，既然生活已经给予女人太多的不如意，那么女人何苦还要为难自己呢，何不放飞自己美好的心情，宽容、坚强地对待人生的失意呢。也许当你走过这些挫折和不如意后，你会有意想不到的收获。

女人要学会正视人生的不如意，以为人生在世，有悲就有喜。只有在挫折与失意面前保持豁达乐观的心态，才能够战胜眼前的困难和挫折。所以，做一个坚强的、包容的女人吧，坚强地面对人生中的不如意，包容生活中的不平事，相信坚强的信念与勇气一定可以将你引向成功之路。

女人要在磨难中选择坚强

奥斯特洛夫斯基说得好：“人的生命似洪水在奔腾，不遇着岛屿和暗礁，难以激起美丽的浪花。”有位哲人说：“没有磨难的人生是空白的人生。”没有倒下就没有跃起，没有失败就难言成功，也不可能让你具备百折不挠的坚韧。大凡成功的女人都有着一种承受生活变故的能力，使她们的性格坚强不屈，意志更加坚定，更有韧性。

哲学家罗素说过：“遇到不幸的威胁时，认真而仔细地考虑一下，最糟糕的情况可能是什么？正视这种不幸，找到充分的理由使自己相信。这毕竟不是那么可怕的灾难。这种理由总是存在的。因为在最坏的情况下，在个人身上发生的一切决不会重要到影响世界的程度。”

乌云有时会遮住太阳，但是总有一天会拨云见日的。不管你愿不愿意。人生都没有直达的坦途，挫折就像影子一样，总是伴随着你。所以，面对磨难，要选择坚强。

从前有一个伐木匠，他每天都会独自开车到深山里面去伐木。然而，有一天，灾难突然降临了。他用电锯锯断的大树倒下的时候，碰到了对面另一棵树而被弹了回来，结果把伐木工压在了底下。顿时，伐木工的右腿就流血不止，他疼得眼前发黑，但是强烈的求生意志让他迅速冷静下来，他开始思考脱身的办法。

伐木工知道这个林区周围几十千米都无人居住，平日很少有人到这里来，如果自己躺在这里等待救助，恐怕还没等到人来，自己就会因失血过多而死去。伐木工的右腿腿骨已经被彻底压成了碎片，树干太重了，不管他怎么用力推，树干就是纹丝不动。伐木工明白自己只有一条路可走了，那就是用电锯锯断自己那条被压住的右腿，然后爬到汽车上，开车去最近的医院。

伐木工没有麻药让自己减少疼痛，也没有任何止血的药品，在锯腿的过程中，他忍受着剧烈的疼痛，好几次他痛得昏厥了过去。可是，为了救自己，他还是坚强地挺了过来，锯下了自己被压住的右腿。在开车去医院的途中，他一直控制住自己，不让自己在路途中晕倒，直到被医生送到担架上，他才终于放心地晕了过去。

这件事让这些护士感到非常震动，于是伐木工锯腿自救的事情很快就在当地传开了，电视台把他的经历做成一期节目在电视上播出，和大家想的一样，这个节目一播出就产生了强烈的反响，人们都被他积极自救的精神所折服。

伐木工在遭遇危难的时候，没有认命，也没有不负责任地闭上眼睛等待“或许”会到来的救援，他紧紧地握住自己的命运，锯断了自己的腿，最终救了自己的性命。

一位哲人说：“并非每一次不幸都是灾难，逆境有时候是一种幸运。”挫折是一个人的炼金石。面对挫折，跌倒了站起来便能成就更好的自己；硬是在地上赖着，自怨自怜悲叹不已的人，注定只能继续哭泣。

谁的人生都不是一帆风顺的，从你有自我意识的那一刻起，你就要认识到一点，人生总会有风浪，不可能日日是好日，年年是好年。遇到挫折的时候，不该沮丧，也不该因此堕落，而是要将其视为必然，然后冷静地对待它、解决它，这过程就叫作“坚强”。虽然我们无法改变生命的长度，但是坚强却可以让我们选择生命的宽度与厚度。面对人生的每一个挑战和困境，女人应该选择坚强地面对，勇敢地接受，那样你就会发现，其实有很多事情只是想起来困难，做起来简单，关键是你肯不肯去做。

张璨，当今中国最具影响力的十大女富豪之一，统领着一个在信息技术、生物与健康和房地产三大领域进行投资与经营的大型民营高科技企业。见过张璨的人一定都会惊讶：这位年轻、美丽，脸上带着一股学生气的女士，竟会拥有如此令人羡慕的财富，然而他们不知道是挫折造就了阳光之路。

在日常生活中，张璨始终坚持说，她只是一个普通的女人，如果说自己有什么区别于常人的话，那就是她更努力、更积极、更坚强。她出身军人家庭，她不是军人却胜似军人，过往的一切稚嫩、挫折、困境以及无奈，在她身上似乎已成了过眼云烟，洗礼后留下的烙印是一个理性的、坚强的企业家。

1982 年，张璨考进了北京大学，就读于国际政治系。在大学里，张璨是个活跃分子。1984 年，在北京大学举行的第一届大学生演讲大赛中，张璨以《我与中华同崛起》为题，获得了第一名。当时 20 岁的张璨还当上了北大学生会文化部的副部长。那时，她的梦想是当一名出色的外交官，一名女大使。

然而不幸的是，在她上到大三的时候，学校在整理档案时却发现，3 年前张璨曾考上了某大学，但她没有去报到，第二年又考上了北大。按当时的规定，有学不上的考生必须停考一年。就这样，她的学籍被注销了，这件事对张璨打击很大。

后来，张璨在回忆这件事时说："这件事至少让我懂得了一个道理，就是遇到什么事都不能哭、不抱怨，都要坚强，遇到什么问题都要想尽办法去解决。"

在后来的大学生活中，张璨时常对自己说："一定要坚强，一定要坚定，一定要比别的北大同学读更多的书。"

很快，大学四年的生活过去了，同学们也都毕业了，这让张璨很是羡慕。她自己也完成了学业，却因没有文凭，只得到一纸说明，大意是说她被注销了学籍，但坚持上课，成绩合格，学校不管她的分配。在张瑺的毕业纪念册上，同学们给她留下这样一句赠语："与众不同的经历，造就与众不同的道路。"

虽然学校没有给她分配工作，在很长一段时间里，她因文凭问题，工作一直没有着落。但是她经常鼓励自己说："没有工作也许会更有前途，因为自己面对的机会更多。"

后来，她决定经商，自己创业。1992 年，她的公司刚刚起步。在这个过程中，除了创业的艰辛，张瑺同样有着不为常人所知的、难以置信的挫折和磨难。张瑺在回忆她的成长经历时，说"面对这些，我只能逼着自己熬过去。其实我是个普普通通、会退缩会懦弱的人，可是当这些事摆在面前的时候，怕也没用，只有坚持……"

面对挫折，有的女人害怕它；面对挫折，有的女人躲避它；面对挫折，有女人会克服它。害怕它的女人失败了，成为水中月、镜中花；躲避它的女人麻木了，意志消沉；而克服了挫折的女人却取得了成功，收获了幸福。

在张瑺的办公桌上一直贴着这样一句话：风筝与强风对抗，方能升向高峰。想要获得成功的人得像风筝，与强风对抗，方能升向高峰。你应确定你的信念能支持你，在迈向成功的旅程中，忍受一切艰难险阻。当你确知自己在做什么，当你有个明确的目标和实施计划，你或许得与周遭的狂风搏斗，风势愈强，你会飞得愈高。而现实中，许多女人面对挫折时总是悲观失望，萎靡不振，对自己的前程心灰意懒，失去了向上的信心。其实，他们不知道，挫折对于人生来说是一个良好的开端。

女人要学会在磨难中选择坚强，昨天的挫折会为今天铺路，明天的灿烂定会抚平今天的痛苦。女人要想取得辉煌的成就，要想获得人生的成功，就必须坚强面对生活中的磨难和挫折！

女人要把苦难看作人生的一笔财富

人生的道路上，没有荆棘密布的丛林，又怎会有坦荡的阳光大道；没有暴风雨的洗礼，又何显雨后彩虹的绚丽。感谢苦难，在苦难中我们走向成熟，在苦难中我们去发现和寻找人生的五彩缤纷。

挫折是一种历练，苦难是一种财富，每个人的生命旅程都是崎岖不平的。快乐是人生的一部分，痛苦又何尝不是呢？只要正视现实，心灵定会释然，继而做到胸襟开阔，积极向上，在人生道路上走得潇洒。苦尽甘来之时，其中的幸福，只有自己去体味。

一个年轻人首次坐船出海，感觉坐船很是艰辛，一路上总是抱怨。船长安慰了他几次，但还是没用。这时候，船上的一位智者给船长出了个主意。

人们将那个年轻人扔进了大海，年轻人不会游泳，在大海里沉浮了好几次。就在他快要被淹死的时候，船长伸出手把他拉回了船上。年轻人上船后，一直安静地待着，再没有发出任何抱怨声。

船长见此情形很是开心，便对智者说："您这个办法真是管用啊！"

智者说："他之所以抱怨坐船辛苦，是因为没尝过更大的痛苦。现在他知道了，自然就安静了。一个人总是要经历些忧患之后，才知道安乐的宝贵。"

是啊，人总是在经历了苦难之后，才更懂得珍惜。年轻人在开始感觉坐船非常辛苦，无论别人如何安慰，他都听不进，到后来的他被扔进了大海，历经一番挣扎之后，又重新登上船，那时的他体会到了生命的可贵。尽管他躲在角落里一言不发，但他的内心一定感受到了坐船比起掉进大海幸福多了。所以说，有时候苦难也是一笔财富，它能让人学会感恩，学会坚强。

行走在世道艰辛的人生途中，总免不了要经受各种各样的苦难，当痛苦降临时，有些女人会自怨自艾、意志消沉；而有些女人却会勇敢坚定地借助挫折和苦难来锤炼自己的意志，勇敢地面对任何磨难和所有的心酸，对于她们而言，苦难就是一笔财富。

苦难是人生的一笔财富，但是苦难变成财富是有条件的。这个条件就是，你战胜了苦难并不再受苦。只有在这时，苦难才是一笔值得你骄傲的人生财富。你再怎么说自己以前的苦难，你都不会自卑，反而有一种豪气；别人听到你的苦难，不觉得是听人念苦经，而觉得是听传奇，不可怜你、轻视你，反而敬重你。

她是个和其他女孩不同的女孩子，因为她从小就患有小儿麻痹症。在开始的生活中，不要说像其他孩子那样欢快地跳跃奔跑，就连正常走路都做不到。寸步难行的她非常悲观和忧郁，当医生教她做一点运动，说这可能对她恢复健康有益时，她就像没有听到一般。随着年龄的增长，她的忧郁和自卑感越来越重，甚至她拒绝所有人的靠近。但也有个例外，邻居家那个只有一只胳膊的老者却成为她的好伙伴。老者是在一场战争中失去一只胳膊的，老者非常乐观，她非常喜欢听老者讲故事。

这天，她被老者用轮椅推着去附近的一所幼儿园，操场上孩子们动听的歌声吸引了他们。当一首歌唱完，老者说："我们为他们鼓掌吧！"她吃惊地看着老者，说："爷爷，我的胳膊动不了，你只有一只胳膊，怎么鼓掌啊?"老者对她笑了笑，解开衬衣扣子，露出胸膛，用手掌拍起了胸膛……那是一个初春，风中还有几分寒意，但她却突然感觉自己的身体里涌动起一股暖流。老者对她笑了笑说："孩子，只要努力，就可以克服一切苦难，创造一种传奇！"

回到家后，她想了很多。等到父亲回来，她让父亲写了一张纸条，贴到了墙上，上面是这样的一行字：克服苦难，创造传奇。从那之后，她开始配合医生做运动，无论多么艰难和痛苦，她都咬牙坚持着，有一点进步了，她又以更大的受苦姿态，来求更大进步，甚至在父母不在时，她自己扔开支架，试着走路。蜕变的痛苦是牵扯到筋骨的，她坚持着，她相信自己能够像其他孩子一样行走，奔跑，她要行走，她要奔跑……

1960年罗马奥运会女子100米跑决赛上，当她以11秒18第一个撞线后，掌声雷动，人们都站起来为她喝彩，齐声欢呼着这个美丽黑人的名字：威尔玛·普道夫。那一届奥运会上，威尔玛·普道夫成为当时世界上跑得最快的女人，她共摘取了3枚黑人奥运金牌。她曾遭受的一切艰难困苦，成就了她的辉煌。

苦难有时真的是一笔财富。只要你面对挫折和苦难时，不去抱怨，只要你有足够的坚强，苦难过后，就会是你的成功。

已经二十六七的李云，现在在北京的一家媒体供职。虽然她年纪不大，但是已经有了自己的实用的处世哲学。她处事隐忍、周全，在做事方面也很练达，相比同龄人，她显得更加成熟。不管是单位的领导，还是相识不久的朋友，都认为她是一位很有潜能的女性。

虽然她没有显赫的家世，但是她的气质却一点也不比别人差。每当别人拿这个说事的时候，她总是风趣地说："我这个人，一出生就没有什么'轻轻松松的便宜'可以占。"她来自内蒙古的一个小城市，那里与俄罗斯接壤，父母都是普普通通的工人，她靠自己的能力考上了大学，又凭借自己的本事从小城的电视台借调到北京的一家大媒体工作。在被借调的三年里，她没有正式身份，也没什么福利待遇，只有微薄的生活补贴，先后挪过多次住处，有一段时间因为生活艰难，她白天在单位上班，晚上就去快餐店打工……历经磨难，备受屈辱，但她仍然咬牙坚持了下来。最后，她终于正式调入这家媒体，成了名副其实的记者。

虽然这些经历是充满了磨难的，但是她从来没有任何抱怨，也不觉得多么可悲，反倒认为很值得，也很必要，因为她觉得，这些经历将会是她人生腾飞时的能量和财富。现在，她总是对那些刚刚参加工作的人说："对一个人来说，不管外界的环境多么优越，年轻的时候都该多吃点苦，经受点磨炼，无论是面对未来的社会，还是自己今后的人生，都不是一件坏事。"只有当生命与苦难结缘，才可能真正领悟：苦难是一笔丰厚的财富。

生活中，很少有女人真正能够做到把苦难看成是一笔财富。在面对挫折的时候，很多女人总想退缩，或是深陷在过去的痛苦中不肯自拔，抱怨连天，最终越陷越深。殊不知，想要走出心灵的困惑和生活的苦难，在磨炼中成长起来，在经历过挫败之后就该忘记挫折本身，学会吸取教训，变得更加成熟，不管是感情、工作还是生活。成功有经验可以总结，失败也同样有教训可以吸取。做一件事情，很难一下就成功，总是要经历几次失败，只有认真地吸取教训，才能得到经验，力争成功。

"你战胜苦难，它就是你的财富；苦难战胜你，它就是你的屈辱。"苦难中的女人，好好体会这句话吧！女人要懂得，苦难是人生中最好的老师。不要因为你是女人，就惧怕苦难。如果有一天，你在生活中真的遇到了磨难，一定要记得坚强面对这些，将它视为你的人生财富，这样，苦难就真的会成为你人生中的一笔丰厚的财富！

女人不要被失败打倒

莎士比亚曾说："千万人的失败，都失败在做事不彻底上。他们往往做到离成功还差一步时，便终止不做了。"失败只是一个人成长路上的必修课，失败并不可怕，怕的是失败后一个人万念俱灰，从此一蹶不振。千万不能因一次的失败而停止不前，而要让其成为人生成长路上的重要财富，让自己一生受益。

有人说过："即使是水果成熟前，味道也是苦的。"的确，所有的成功都来自于失败的积累，成功是什么？就是走过了所有通向失败的路，只剩下一条路，那就是成功的路。失败总是在成功来临之前降临在我们面前，面对它，我们经常是束手无策，经常被它摧残得支离破碎，心神俱惫。在逆境中，不断地感慨和抱怨自己的失败。

人生中，每个女人都曾遇到过令人难以应付的、无从下手的困境与失败，有的女人会因为这个失败沉迷潦倒，有的女人会因为这次失败而让自己成长，更快地走向成功。

生活中，女人要明白，失败了，不要去抱怨。因为一次失败仅仅意味着对自己过去的否定，绝不是代表自己一辈子无可救药，不要被一时的失败打倒。我们要知道，通过失败所得到的教训才是一生中最重要的财富。失败会成为人们前进道路上的宝贵财富，让人们牢记自己的过失，避免同样的错误再次发生。

秋天来到，秋高气爽，园子里的柿子熟了。一个个果实挂在树上，十分迷人，一个男孩看到后想摘下来一饱口福。可是由于树太高，他根本够不着。

于是男孩搬来了木梯，他小心翼翼地登上梯子，伸手想摘离自己最近的那个柿子，可是就在他伸手摘的那一刻，柿子一下子脱枝而落，掉在了地上，摔成了一堆稀烂的柿子泥。

男孩觉得很惋惜，快到手的柿子就这样浪费了，自己的努力也白费了。不过他又瞄准了下一个目标，准备摘下一个柿子。

成功需要不断地尝试，不止一次地尝试。哪怕尝试后失败了，那也是很正常的事情。因为世上没有一下子成功的事情，它需要在无数次失败的累积中探索，这样才会有成功的一刻。

一个人要想成功，就必须有必胜的信念和沉稳内敛的信心。面对人生的失败，要从容应对，即使遇上失败也毫不畏惧。只有在失败中屡屡受挫，愈挫愈坚，你才会成长，才会进步，才会取得最后的成功。

曾经有这样的一个年轻人，由于家境贫寒，父母无法供其读书，他只好选择了辍学。为了谋求生路，他独自一人来到城里，想找一份工作。可是他发现对于自己而言，要想在城里立足，并不是一件容易的事。他到处找工作，但是由于他没有过硬的文凭，所以在找工作的过程中总是受到别人的歧视。他是个自尊心很强的人，他难以忍受这些。他不愿再受别人的冷眼，于是决定离开城市，返回家乡。

即便是这样，但是他不甘心，在他准备动身出发的前几天，他给当时很有名的银行家罗斯写了一封信。他在信里向罗斯介绍了自己的境况，同时还抱怨世间的冷落以及命运的不公。最后他希望罗斯捐给他一些钱，让他用来提高自己，以适应社会。

信寄出后，他一直在旅馆里等着，可是几天过去，他依然一无所获。他即将用尽身上的最后一分钱，于是他将行李打好了包。就在这时，房东说有他一封信，是银行家罗斯写来的。可是，罗斯并没有对他的遭遇表示同情，而是在信里给他讲了一个故事。

罗斯在信中说："在浩瀚的海洋里生活着很多鱼，那些鱼都有鱼鳔，但是唯独鲨鱼没有鱼鳔。没有鱼鳔的鲨鱼照理来说是不可能活下去的。因为它行动极为不便，很容易沉入水底，在海洋里只要一停下来就有可能丧生。为了生存，鲨鱼拥有了强健的体魄，成了同类中最凶猛的鱼。"最后罗斯说："这个城市就是一个浩瀚的海洋，拥有文凭的人很多，但成功的人很少。你现在就是一条没有鱼鳔的鱼。"

看完罗斯写给他的信，他信心倍增但又百感交集。晚上，他躺在床上一直思索着罗斯的信，辗转反侧，难以入眠。经过仔细考虑，他改变了自己先前的决定。第二天，他跟旅馆的老板说，只要给他一碗饭吃，他可以留下来当服务生，而且一分钱工资都不要。旅馆老板觉得世上有这么便宜的劳动力，很高兴地留下了他。10 年后，他拥有了令世人羡慕的财富，并且娶了银行家罗斯的女儿，他就是赫赫有名的石油大王哈特。

人生充满艰难险阻，总是坎坷丛生。只有那些在紧要关头咬牙坚持的勇者才能排除万难，勇敢胜出。因为他们自始至终有着坚实的信念，笃信凭借自身的实力和意志终将战胜险阻。所以，女人也不要害怕失败，更不能被它打倒，你要坚信在这个世界上，没有什么能把你打倒。一旦有了这样一个坚定的信念，力量也会自然而生，并且能够在一次次的失败中崛起。

在人生的道路上，失败没有男女之别，女人一生也会经历各种各样的失败。然而，这个世界上却有伟大的女人和平凡的女人之分。伟大的女人之所以伟大，是因为他们能够在挫折和失败降临之时，坚强、坦然面对，不把挫折看得太重，不把痛苦盲目扩大，并且能够迅速振作起来，迎接挫折的冲击，最终成功；而平凡的女人之所以平凡，是因为她们总是害怕挫折，逃避挫折，而当挫折和失败真的无可避免时就会感觉自己非常不幸，最终被失败打倒。

其实，换个角度看，失败并不是我们的敌人，而是恩人，它锻炼我们勇敢克服困难的能力。大树，如果不和暴风雨搏斗过千百回，不会换来一身傲骨，同样，女人不经历种种失败，她的人生也不会成熟。所以，女人在遭受挫折和失败时，一定要坚强面对。

提到著名的节目主持人倪萍，相信很少有人不知道。然而，即便是这样一位成功的主持人，在她的主持生涯中也曾经遇到过很多挫折和失败。有一次，在“综艺大观”的直播现场，倪萍出现失误，误将自己的话筒递给了嘉宾，造成主持人陷入被动的局面，当时年轻的倪萍还没有处理这种情况的经验，只是伸手向嘉宾要话筒，这次事件引发了众多观众的批评。倪萍主动承担了这次失误的责任，她认为如果直播前与嘉宾沟通好就不会出现如此尴尬的局面。这也可能是他主持生涯中的一次影响很大的失败。然而，倪萍没有被这次的失败打倒，而是从中吸取了经验教训。倪萍在以后的节目里，无论谁做她的嘉宾，她都会提前到他们的住处进行采访，了解情况，体验对方的感情。也正是因为倪萍具有不怕失败的魄力，才能获得日后更大的成功。

当代社会，女性工作者和创业者越来越多。在这条道路上，挫折和失败如影随形，如果没有坚定的信念和意志力，就会轻易地被困难打倒。然而，坚强的女人知道，每一个困难和失败都有相应的解决办法，只要你鼓起勇气面对，去分析自己，调整航向，你就会化逆风为顺风，离你的目标越来越近。所以，面对种种困难，只有经受困难与挫折的挑战，勇往直前，才能早日到达胜利的彼岸。

女人要明白抱怨对解决问题毫无帮助

有人说："怨天尤人对解决问题毫无益处。"的确，一味地抱怨不能解决问题，也不能影响事情向好的方向发展。抱怨之后，事情依然存在，它对解决问题毫无帮助，影响的只是我们自己的心情。

美国亿万富翁戴维逊曾说："遇到障碍我会诅咒，然后搬个梯子爬过去。"的确，人生总会有各种挫折和阻碍，关键是你如何对待。不断积极应对，才能抵御外来的侵袭。心若改变，态度就会改变；态度改变，习惯就会改变；习惯改变，人生就会改变。当自己改变后，眼中的世界自然也就跟着改变了。少抱怨他人和社会，多检查改造自己，这才是人生的真谛。

虽然说，女人要快乐地生活，然而，在这个世界上并不是每个女人都是快乐的。很多女人都会觉得别人要比自己快乐一点，于是养成了爱发牢骚，爱抱怨的性格。在当今社会，小到一个家庭，大到一个跨国公司，到处都是永不止息的抱怨。工作环境不好，你抱怨；领导没给你加薪，你抱怨；经济不景气，你抱怨；老公赚的钱不多，你抱怨……生活的方方面面，无不处在你抱怨之中。但是，女人要明白，抱怨并不会解决问题，女人最好的"爱惜自己"的方式，就应该是改变，改变天真烂漫的幻想，改变画饼充饥的渴望，改变任劳任怨的等待，也改变顾影自怜的忧伤。

苏拉是美国一家化妆品公司的创办人。由于家庭原因，在她小的时候，她和奶奶一起生活在乡下。奶奶开了一个小杂货店，为人慈祥又和气，邻居们都喜欢和她聊天。每当那些喜欢抱怨、爱发牢骚的邻居到商店买东西时，苏拉总会站在一边好奇地听着。

有一次，邻居爱普生前来买香烟。奶奶问他："今天怎么样，爱普生?"

爱普生长叹一声说："唉，今天不怎么样啊，哈德森大姐。你看看，这天气这么热，气死人了。这种鬼天气，真要命啊!"

奶奶一边拿香烟，一边附和着说："是啊，是啊!"一直抱怨了十多分钟，爱普生才离开了小店。

这样的事时常发生，一天，邻居汤姆一进店门就向奶奶抱怨说："哈德森大姐，真是气死我了！我再也不想干犁地这活儿了！尘土飞扬不说，驴子还不听使唤。我真是干够了！你看看我的腿、脚，还有手、眼睛、鼻子，到处都是尘土，我真是干够了!"

奶奶仍然是那副老样子，一边给他拿东西，一边附和着说："是啊，是啊!"

时间久了，苏拉越来越觉得好奇。终于有一天，她忍不住问奶奶，为什么这些人总是说这不好那不好。奶奶听了，笑着对苏拉说："孩子，他们对生活不满意，所以总是抱怨，但我们千万不要这样。孩子，在每个夜晚都会有一些人——不管是白人还是黑人，不管是富人还是穷人——酣然入睡但是再也不会醒来。那些与世长辞的人，睡觉时不会感到暖和的被窝已变成冰冷的灵柩，身上的羊毛毯已变成裹尸布，他们再也不能为天气热或驴子不听话而唠叨一分钟。要记住：不要抱怨，因为抱怨不能解决任何问题。如果你对现状不满意，那你就设法去改变它。如果改变不了，那就改变你的心态去面对这些问题，但你一定不要去抱怨什么。”

长大后，苏拉牢记着奶奶的话，无论遭遇多大的挫折，她也从未抱怨过什么，最终靠自己的勤奋和智慧打拼出了一片天地，成了业界有名的女强人。

有人曾这样说，世界上最多的两个东西是穷人和抱怨，而且两者之间存在着鸡和蛋的关系，抱怨孵化出贫穷，贫穷又孕育了抱怨。人们越穷越抱怨，人们越抱怨越穷。看来，要想不贫穷，第一步就是别抱怨，否则你将更加贫穷。

生活中，抱怨不会给我们带来任何财富，相反，抱怨很可能让我们错失抓住财富的机会。我们可以看到，成功人士很少是满腹牢骚的。女人也要懂得，抱怨是失意者的朋友，而绝不是成功者的伙伴。

不管生活中还是其他方面，遇到挫折时，女人不要去抱怨，要明白有时沉默是金，沉默地做人，洒脱地做人才是快乐的。人不能总感觉自己的地位很重要，每个人都有自己的事情要做，想明白了，你就不会再去抱怨了。

女人不要抱怨，只有不抱怨的女人才会快乐、开心。生活是公平的，对谁都一样，没有绝对的幸运儿。人人都有一本难念的经，你有这样的难念经，她有那样的烦心事；别人有那样的好机会，你还会有这样的好运气，事物都是相对而生的，否则，生活又怎么称之为生活呢？痛苦抱怨与快乐生活，只看你如何去选择。

是的，抱怨不但不能解决问题，有时还会引起不必要的误会。其实，你抱怨的人并不一定是有意造成你的困扰，而是不知道自己干扰到了你。如果他不知道，也就没法改变。所以说，私下抱怨，于事无补。

森森和老公的感情一直很好，曾被亲朋好友认为是绝配。可是最近一些天，森森工作忙得焦头烂额，两人之间出现了一些误会。森森指责老公不支持她的工作，老公误解她破坏他辛苦的劳动成果。两个人都心里有火，也不和对方说。老公不断莫名其妙地发脾气，说森森只顾工作忽视他的存在，森森很气他不理解自己，两个人身心疲惫，误会越来越深，陷入冷战中。

森森生气地告诉父母亲戚，说老公变了，对自己很过分，没以前那么好了，又和自己的朋友们抱怨老公的种种不是。这时，一位他们夫妻两人共同的朋友告诉她，说森森老公常在外面夸她是个完美女人，并说森森现在这么冲动，到处数落他，会伤了他的自尊，建议她有机会和他沟通沟通。

森森冷静下来，想想也是，前生的五百次回眸才换来今生的一次擦肩而过，能相爱是多么来之不易的缘分啊！森森决定放下女人的矜持，主动找老公和谈。两人交谈中，老公终于说出他认为森森毁了他辛苦劳动成果的事，森森解释自己从来没有那样做过，老公选择相信她，同时森森也发现，原来老公一直在她的工作上以他独有的方式默默地支持着她，只是自己工作太忙，忽略了他对自己的爱而已。最后，两人终于和好如初。

女人要相信，办法总比困难多。世上没有解决不了的问题，只有不会解决问题的人。任何问题只要被发现了，在认真分析清楚后，总能找到相应的解决办法。一个会解决问题的人，可以在纷繁复杂的环境中轻松自如地掌控人生局面，凡事逢凶化吉，把不可能的事变为可能，最后达到自己的目的。生活中的失败者，则认为倒霉的事总让自己摊上了，抱怨命运不好，抱怨社会不公。这也就是为什么“幸运的人总幸运，倒霉的人总倒霉”。所以，遇到挫折时，女人一定不要去抱怨，而是要积极和充满勇气，积极地用智慧解决问题。

面对挫折，女人要摒弃抱怨

《圣经》上说：你要别人怎样待你，你就该怎样对待别人。与其在抱怨中失去机会，不如在改造自己中练就本领。停止抱怨，仿佛洞开一扇门，让眼界、胸怀和性灵都被开启。面对挫折、压力和磨难，不要怨天尤人，也不要自怜自艾，以开放的心坦然承受，因为艰苦的生活锻造人们坚韧不拔的性格。

人生处处充满了挫折和挑战，面对阻力，不是退却，不是抱怨，而是迎难而上，才能取得明天辉煌的成就。在挫折面前，女人也要学会摒弃抱怨，学会忍耐，坚强面对。

当我们认真理顺曾经的苦涩、不幸与失落时，发现每一次伤害都促进了成长，每一次挑战都警醒了自知，每一次遗弃都教会了独立，每一次跌倒都强化了双腿。许多我们倾尽心力都无法得到的东西恰恰存在于失败和痛苦之中，看似千回百转蜿蜒曲折，徜徉其间，也能撷取让自己快乐的因素。

人生不如意事常八九，谁不是“艰难苦恨繁霜鬓”，谁没有“潦倒新停浊酒杯”的时候啊？所以不要以为世界上只有你一个人值得抱怨，不要不停地在别人面前抱怨自己的生命有多么曲折，这样只会更加增长你内心深处的抱怨之情，反而会让你陷入无穷无尽的黑暗之中，从而无法从中走出来。如果你忍不住抱怨，不懂得笑对挫折的话，只会一味地沉湎于挫折中，再也无法从挫折的泥泞中走出来。而通常情况下人的挫败感越强，也就越不容易对自己进行客观评价。长此以往，必定陷入情绪的恶性循环。以不必要的闲气来惩罚自己，就越感受到环境的恶劣，这样你的生活就真的会陷入绝望。

有一位只活了48岁的作家，从小严重瘫痪，只有一只左脚可以勉强活动，但是他就是凭着这只左脚写出了自传体小说《我的左脚》，他就是爱尔兰作家克里斯蒂·布朗。

克里斯蒂·布朗的一生是忍耐的一生，是挑战的一生，更是和挫折斗争的一生。布朗出生时，就患了严重的大脑瘫痪症。一直到5岁，小布朗还不会说话，头部、身躯、四肢也都不能活动，父母带着他四处求医，可情况始终没有什么好转。最后连家里人也失去了信心，认为他可能要这样过一辈子。

然而，很多时候，事情总在将要绝望的时候发生一丝转机。有一天，躺在床上的小布朗看到妹妹扔下的彩笔，他忽然伸出了自己的左脚把彩笔夹了起来，在墙上乱画起来。就在他画得正起劲的时候，母亲走进来，看到布朗的举动，妈妈高兴地惊叫起来："他的左脚还能活动！"

人们常说，孩子是父母的希望，同样布朗的妈妈也没放过这个微弱的希望。她坚信只要小布朗的脚能活动，他就应该能做更多的事情。于是，她便开始教布朗写字，没想到，第一天，布朗就能用脚写出三个英文字母。很快，他就能把26个英文字母按顺序写下来。这令全家人感到异常高兴。母亲不仅让他学写字，还让他看书，为他买来儿童读物和世界名著。布朗对书产生了浓厚的兴趣，如饥似渴地阅读着。

也许是布朗受母亲坚强的感染，也许是上天对这苦苦挣扎的母子的怜悯，一段时间过去了，令人意外的是小布朗慢慢地竟然能说话了。后来，布朗向妈妈提出，他想要写信、作读书笔记，还想自己写点什么。母亲有些为难，只有左脚能活动，他怎么写呢？小布朗说："我可以用脚打字呀。"他将自己的左脚高高抬起，大声地宣布："我要用它写，我要成为全世界第一个用脚趾打字的人！"此时的小布朗已经有了忍耐的能力，已经具备了挑战挫折的气魄。

母亲也看到了布朗的希望，她相信：总有一天，布朗会以自己的方式独立生存。母亲想方设法替儿子买来了一台旧打字机。布朗把打字机放在地上，自己半躺在一把高椅上，用左脚按动键钮。

在开始的一段时间里，因为脚趾掌握不好打字的力度，布朗打出的字不是模糊不清，就是打烂了纸。但布朗一点也不灰心，他像着迷一样，仍然疯狂地练习，不管是炎热的夏天，还是寒冷的冬天，布朗都不曾停止练习。累了，就用左脚趾夹着笔画画。年深日久，布朗的左脚趾长出了厚厚的茧子。功夫不负有心人，终于，他打出了力度适中、清清楚楚的字，而且还熟练地给打字机上纸、退纸，还能用左脚趾整理稿件。

打字并不是布朗的最终目标，当他学会打字之后，他决心向更高峰攀登，那就是写作。他把自己想写一部小说的想法告诉了母亲，这一次，母亲犹豫了。母亲知道儿子是个有决心、有毅力的人，她也理解儿子的心情，可她知道写作比学习打字不知要难上多少倍，她担心儿子一旦失败会受不了心灵上的创伤，她不想让这个可怜的孩子再受任何伤害，平添痛苦。另外，她也觉得，儿子还是小孩子，没有多少生活阅历，有什么可写的呢？于是她劝慰儿子："孩子，你有雄心壮志，妈妈很高兴。但是，人生的道路是很曲折，不像你想的那么简单，万一失败了怎么办呢？我看你还是好好休养，读读书，画画图画，玩玩打字机就行了，不要想得太多了。你现在年纪还小，等以后再说吧！"

妈妈担心布朗这样做会影响他的健康，就不太赞成，然而布朗却异常坚定，他对母亲说："这么多年，我已经忍过来了。妈妈，人活着就应该有所追求，不是吗？我已经失去了生活的许多乐趣，但是我不能失去自己的梦想。我要让别人看到，我不是一个包袱，不是一个多余的人。"母亲惊异于布朗的坚韧与成熟，非常感动，于是就全力支持他的梦想。

布朗懂得，在挫折面前，不应该再去抱怨社会、抱怨他人，应该做的是停止抱怨，让自己平静地自我检查，平静地面对这些挫折，抓住机会。布朗也正是这样做的。在后来的很长一段时间里，布朗就躺在床上，静静地回忆着自己的不幸和坎坷经历，决定把自己的经历写下来，告诉那些在不幸中苦苦挣扎的人，告诉那些和他一样残疾的人，要坚强起来，不要抱怨生命中的挫折，更不要屈服于命运的苦难和挫折。

正是生命中的这种苦难和挫折，让布朗写出的小说显得非常深沉而有力量。他完成第一章初稿，就迫不及待地让母亲阅读、评点。母亲一下子被小说主人公的痛苦遭遇和坚强性格深深打动，她紧紧把布朗搂在怀里:“孩子，你是妈妈的骄傲，你一定会成功的!”

就这样，皇天不负苦心人，在21岁那年，布朗的第一部自传体小说终于问世了。他把它取名叫作《我的左脚》。就是这样的一部小说，布朗不知写了多少个日日夜夜，不知道克服了多少常人都难以想象的困难和痛苦。布朗虽然只能用左脚来写小说，但这并不妨碍他在文学创作的道路上继续拼搏。16年后，布朗的又一部自传体小说《生不逢辰》也出版了。

这部小说感情真挚、道理深刻、情节动人、语言优美，一出版便震动了国内外文坛，成了畅销书，20多个国家翻译出版了这本书，有的国家还将它改编成电影。15年后，在妻子的照顾和帮助下，布朗又先后出版了三部小说和三部诗集，成为了享誉世界的文学巨匠，成为爱尔兰人民的骄傲。

在命运遭遇挫折时，布朗没有抱怨，而是坚强地面对，并且从挫折中站立起来，获得了属于自己的成功。

在面对挫折、面对困境的时候，女人也要学会摒弃抱怨。很多时候，要想让社会对你公平，让社会随你的想法转动，唯一的做法只有改变自己，而最重要的就是改变自己的心态，停止抱怨，学会驾驭自己的人生。摒弃抱怨，抱着一颗平常的心去生活，去面对生活中的挫折与苦难，给自己的人生增添色彩。

女人要学会在遭遇挫折时保持微笑

人生在世，挫折和磨难不可避免。然而，世上没有一成不变的东西，没有永远的成功更没有永远的失败。正如天气，有晴空万里，也有阴雨绵绵。真正有价值的人，是在挫折面前能够乐观积极地面对生活，用脸上灿烂的笑容来迎接人生的种种灾难的人。所以，一个坚强的女人在遭遇挫折时，也要学会保持微笑，只有这样，才能取得令人羡慕的成功。

曾经有这样的一个人，他的一生充满了挫折和不幸，然而，在这些挫折和不幸面前，他不是怨天尤人，也不是退缩，而是用微笑面对了这一切，化解了这一切。他就是谢坤山。谢坤山出生于台湾，由于家庭贫困，他从小便过着清贫的生活。谢坤山的家庭并不宽裕，爸爸一直身体不好，当时他连踩三轮车都十分费力，总是上气不接下气。为了减轻家庭的负担，谢坤山在上小学时便替父母分担家务。他捡过破烂，卖过冰糕，还养过鸭。从小的这些苦难经历让他从小便懂得了吃苦耐劳和坚强。

在谢坤山15岁的时候，由于生活所迫，谢坤山全家不得不搬到台北。但是由于家境贫寒，他们一家六口住在一间大约20平方米大的房间。原想着来到台北生活会变得好一些，但是事事不如人愿，谢坤山没想到居住的环境竟然还没有家里好。看到这样的情境，在开始的一段时间里，谢坤山心情一直很失望，但是由于从小就经历过磨难的谢坤山，很快就恢复了斗志。经过考虑，他决定在台北找到一个好工作，赚钱来养家糊口，帮助家里渡过难关。由于自身条件有限，在找工作的过程中遇到了不少的挫折，但是，终于找到了工作。他先后在钢铁厂和铁材行工作，然而，就在生活稍微好转的时候，一场意外的灾难毫无预兆地降临了。

在谢坤山搬到台北的第二年，也就是他16岁那年。有一天，谢坤山同往常一样坐着公交车准备上班。在公交车上，他感到自己的脚奇痒无比，因此一到工厂他便将鞋脱掉，光着脚丫子去工作。当他来到三楼的阳台时，他按照同事的吩咐，接住了一根从楼下传上来的钢管。然而没想到的是钢管突然误触到高压电，一瞬间惨剧发生了。谢坤山顿时成为了一个传电的导体，他的全身立即流过了3300伏特的高压电，他惨叫一声，昏倒在地。

过了几天，深度昏迷的谢坤山终于醒了。当谢坤山醒来的时候，看到眼前的情境的时候，他简直无法相信自己的眼睛。虽然经过紧急救援，谢坤山的生命保住了，但是却残废了，他成为了一个残疾人。当时的谢坤山才 16 岁啊，花一样的年纪，但是对于谢坤山来讲，这是一个巨大的打击和磨难。

人们常说，孩子是父母的希望。在这个挫折与不幸面前，谢坤山的母亲在他的面前强忍着泪水，外表很冷静，但是谢坤山知道，母亲的心里在滴血。不难想到，对于一个贫困的家庭来讲，昂贵的医药费会使这个家庭雪上加霜。当时母亲告诉医生，不论付出任何代价，都得想方设法将自己的儿子救回来，哪怕给儿子做截肢手术也在所不惜。谢坤山心里想着既然妈妈不肯放弃我，我更不能放弃我自己。虽然我残废了，但是我的大脑还健全，我绝不应该忧伤和自暴自弃的，反而应该是积极、健康地活下去。

他是这样说的，也是这样做的。在医院治疗的时间里，母亲总是寸步不离地守在坤山的病床边，累了就趴在床边休息，就是不放心回家睡觉。为了不再让母亲操心，不再耽误妈妈吃饭的时间，谢坤山自己经过思考发明了吃饭的道具。从此他可以用自制的汤匙将饭菜送进自己的嘴巴，当他发明成功后的第一时刻，心情之高兴不言而喻，他终于能够为母亲分担一份负担了。接下来他又开始尝试用嘴巴来做其他一些事情，比如翻阅书报杂志等。这使得坤山以前无聊单调的生活多了一份快乐，他终于能通过看书来打发时间了。

然而，祸不单行，就在事情稍微有些好转的时候，一件不幸的事情又一次发生了。由于过度劳累，母亲病倒了，也住进了医院。这样一来，谢坤山没有人照顾了。面对这种情况，坚强的谢坤山下定决心要自己照顾自己，首先他准备学会自己给自己洗澡。经过无数次的尝试，坤山用衣夹夹住水管的出口，终于能够自己洗澡，他再次完成了人生的又一次壮举。

在充满挫折和荆棘的道路上，谢坤山用自己的行动证明了一个道理：人生在于顽强地拼搏，即使遇上天大的灾难，只要不自暴自弃，不懈拼搏，就可以创造生命的奇迹。

由于家庭贫困，谢坤山只上过小学就辍学了。经过这次的挫折后，已经24岁的谢坤山再次决定要用晚上的时间到国中补习，继续他中断了11年的学业。通过自己的努力，坤山考上了建国中学补校，完成了高中教育。

由于谢坤山从小就非常喜欢画画，所以，谢坤山立志要自学成才，成为画家。尽管他现在不能用手，但是他并没有放弃，他决心要自己用自己的嘴来画画。在后来的很长时间里，他每天都会坚持画画。后来在自学作画的时候，他的嘴更是受尽疼痛之苦。那一阵阵苦如利箭穿心，常常痛得他几乎咬不住笔。然而，他从来没想过放弃，即使在最困难的时候，他也坚持了下来。经过长期的学习锻炼，他克服了重重困难，终于成为了台湾的知名画家。

挫折是人生的必修课，谁都无法逃避。我们不禁为谢坤山不向命运屈服，乐观积极地面对生活，面对人生的种种挫折的精神所感动。在常人看来，没有了双手，没有了一只脚，这意味着人生的灭亡，但是到了谢坤山的眼里，他依旧用脸上灿烂的笑容来迎接一切。

俗话说："黯然神伤时，则所遇尽是祸；心情开朗时，则遍地都是宝。"若是一味地难过，那么遇到的事便一定都是不好的；如果心情保持愉悦，那么好运气就会找上门来。所以，一个坚强的女人也一定要学会在遭遇挫折的时候保持微笑。

"奶茶"刘若英现在是知名的大明星，她淡淡的气质和婉转的歌声深入人心。可是出道之前，她曾经在唱片公司做了三年的小助理。助理的工作很辛苦，也很琐碎，背吉他、买盒饭等杂活她都要做。"当时真的很辛苦。也常常身上没有半毛钱。"刘若英说有一天她要半夜回家，却发现自己没钱坐车。她只好拿着提款卡去取钱，第一次按五百元显示"余额不足"；第二次按一百元还是一样的命运，最后她发现自己的总财产只有九十七元。最艰难的时候，她竟然连吃盒饭的钱都没有。可是奶茶说："正是那些人生和事业的低谷。更让我懂得珍惜自己要面对的每一部戏和每一首歌。每一道伤痕都是我的一种骄傲。"

在人生旅途中，当你遭遇到挫折，不用悲观，勇敢地面对，把它当成人生道路上的一堂必修课，并上好这堂必修课。你要在挫折面前调整心态，始终坚定心中的美好愿望，把眼光放在生活的主流上，回顾自己曾经取得的成绩，不回避挫折，以优异的成绩回击它！

女人要明白，顺利是偶尔的，挫折才是人生的常态。无论任何时候、任何处境你都不要对生活失去信心。每次经过住所旁的广场的时候，都会强烈地感受到生活的美好，那儿简直就是一片歌的海洋，那些垂暮之年的老者，都在放声歌唱，那样的乐观，那样的豁达。无论处境多么困难，只要你能够用微笑面对一切的挫折和不幸，你就能取得令人羡慕的成就，就能够快乐地生活。

女人要正确面对人生中的失败和挫折

人生在世，失败挫折难免，然而，当失败降临的时候，应该怎样面对呢？

世界上总有失败者和成功者，失败者之所以一直失败，成功者之所以成功，就是因为他们对待失败的态度有所不同。在失败面前，有的人是无勇无智者，他们遭受了失败的打击，从此一蹶不振，成为让失败一次性打垮的懦夫；有的人是有勇无智者，他们遭受失败的打击，并不知反省自己，总结经验，仅凭一腔热血，勇往直前，这种人，往往事倍功半，即便成功，亦仅是昙花一现；还有的人是智勇双全者，他们遭受失败的打击后，能够审时度势，调整自己的思维方式，在时机与实力兼备的情况下再度出击，卷土重来，所以，只有正确地面对失败，成功才会降临在你的身上。

发明家托马斯·爱迪生曾说："失败也是我需要的，它和成功对我一样有价值。"失败是一种"强刺激"，对有志者来说，往往会产生增力性反应。失败并不总是坏事，也没有什么可怕的，面对失败，不能失望，而是要找出问题的症结，寻求进取之策，早日达到成功的目标。

在生活中，很多经历过失败而后成功的人会发现，若是没有遇到失败，就不会发现自己潜在的才干；若不遇到极大的挫折，不遇到对他们内心深处的打击，就不知道怎样激发自己内部贮藏的力量。

很多人从小就喜欢做游戏，其实，游戏本身，就是在不断战胜挫折与失败中获取的一种刺激与快乐。假如没有挫折和失败，再好的游戏也会索然无味。但是，要知道，失败不是永恒的状况，不是致命的错误，是一种弥足珍贵的成长经历。只有正确面对失败，你才会获得属于自己的成功。

泰国有一位传奇人物，他就是被评为泰国十大杰出企业家的施利华。然而，当初，他只是一位股票投资者，当他在股票市场无所不敌时，他说我玩够了，我从此要进入另一个行业，于是他转入了地产业。时运不济的他，把自己所有的积蓄和从银行贷到的大笔资金都投了进去，在曼谷市郊盖了15幢配有高尔夫球场的豪华别墅。可是他的别墅刚刚盖好，亚洲金融风暴出现了，他的别墅卖不出去，贷款还不起，施利华只能眼睁睁地看着别墅被银行没收，连自己住的房子也被拿去抵押，还欠了很大的一笔债务。

后来的一段时间里，施利华的情绪低落到了极点，他总是问自己："为什么一向无所不敌的我，会走上这样的一条失败之路，难道我就这样一生再也无所建树了吗？"

坚强的人是不会向命运屈服的，他也一样。经过复杂的心理斗争，施利华决定重新做起。他的太太是做三明治的能手，她建议丈夫去街上叫卖三明治，施利华经过一番思索后答应了。从此曼谷的街头就多了一个头戴小白帽、胸前挂着售货箱的小贩。

因为他曾经也辉煌过，认识的人也非常多，所以，对于这样的情境，自然很受关注。果然，很快施利华做小贩卖三明治的消息传了出去，人们纷纷在说，昔日亿万富施利华在街头卖三明治，由于很多人在传，所以在施利华那儿买三明治的人骤然增多，有的顾客出于好奇，有的出于同情。还有许多人吃了这施利华的三明治后，为这种三明治的独特口味所吸引，经常来买他的三明治，回头客不断增多。随着时间的过去，施利华的三明治生意越做越大，他也慢慢地走出了人生的低谷。

就这样，他又从失败中崛起并不断强大。让人感到惊奇的是，在1998年泰国《民族报》评选的“泰国十大杰出企业家”中，他竟然名列榜首。作为一个创造过非凡业绩的企业家，施利华曾经备受人们关注，在他事业的鼎盛期，不要说自己亲自上街叫卖，寻常人想见一见他，恐怕也得反复预约。上街卖三明治不是一件什么惊天动地的大事，但对于过惯了发号施令的施利华，无疑需要极大的勇气。

曾有人问施利华，当他面对失败后，他是如何面对自己的失败的，如何及时调整自己的心态来面对这一切困难重新开始？对此施利华说了这样的一段话：“我只是把挫折当作生活的一部分，当做是使你发现自己思想的特质，以及你的思想和你明确目标之间关系的测试机会。如果你真能了解这句话，它就能调整你对逆境和失败的反应，并且能使你继续为目标努力，挫折绝对不等于失败——除非你自己这么认为。”

我们每个人的人生历程都不可能一帆风顺，难免都会遇到很多不同的失败和挫折，如何对待失败和挫折，对于任何一个人来讲都将是一次次考验。美国作家爱默生说：“每一种挫折或不利的突破，都带着同样或较大的有利的种子。”如果施利华不能正确地去对待失败，那么，他就不会再有后来的成功，也不会再有以往的辉煌。所以，当我们面对挫折和失败时，正确的做法就是继续努力，实现自己的目标，当再一次遇到困难时，勇敢地去战胜他。

现实中，很多人都追求成功而害怕失败，一旦失败就会显得很低落，甚至没有了斗志。其实，失败并不可怕，关键是你对待失败的态度是怎样的，承认失败的客观性，并不是消极地被失败所左右。我们会失败，要不是我们的方向错了就是我们的方法错了，只要我们能够从失败中总结教训，多犯一些错误后，我们就会离成功更近了。所以，只要能够正确面对失败，失败就会成为成功的基础。

有的人或许要说，已经失败很多次了，所以再试也是徒劳的。这种想法是自暴自弃！对意志永不屈服的人，就没有失败，只是还没有成功。无论成功是多么遥远，失败的次数有多少，最后的胜利仍然会在他的期待之中。只要有一点希望的火光，就能照亮整个内心世界。世间真正伟大的人，他们无论面对多么大的失望，都认为那是在“曾益其所不能”，这样的人终能获得最后的胜利。

曾经有这样的一个女孩，或许，在一般人眼中，陈红的成长道路上一直充满着失败。在小学二年级的时候，每次考试，她的数学居然没有没有一次及格。后来，她的爸妈找老师了解情况，数学教师摇着头说：“陈红似乎对数学天生不感兴趣。”末了还加一句，“数学学不好的孩子一般都不聪明。”面对老师的无奈与家长的失望，陈红稚嫩的心灵中第一次有了“我很笨”的印象。在中学，她效仿笨鸟先飞，埋头苦学，每天都比别人多努力几个小时，终于考入了大学。勤勤恳恳的她更加刻苦，试图以四年后的研究生考试去实现她的理想。但是命运之神没有垂青于她，由于她劳累过度，就再考试前的一天，她病倒了。虽然学校破例在他的病房专门为她开设考场，但是病魔的折磨没能使她逃脱落榜的厄运。

由于家庭条件不允许，这次考研失败后，她放弃了继续复习，而是开始找工作。由于缺乏交际能力，没有社会实践经验，她四处碰壁，最后一所小型的研究所接收了她。她以为能大干一场，但一走上工作岗位，才发现不是那么回事。资金的匮乏、设备的落后、机制的老化，使得他根本没有搞研究的可能。整日里无事可干，研究所就如同一个沉闷的铁笼子，套住了陈红。有时，陈红也想辞职不干，可高额的违约金、沉重的家庭负担使得她只能“心动”，不敢“行动”。为了让父母宽心，她控制自己不去产生某些“极端”的想法和采取某些惊人的行动，但她时常认为自己失败极了。在这样的状态下，陈红的工作自然未能取得什么突出的成绩，日子总是一天天在压抑中度过。

爱默生说：“伟大的人物最明显的标志，就是他坚定的意志，不管环境变化到何种地步，他的初衷与希望，仍然不会有丝毫的改变，而最终克服障碍，以达到所期望的目的。”试想，倘若在生活中，也用这么一种不服输的心态，那么失败和挫折也就不会显得那般沉重和压抑了。这样做也许你会发现，失败是人生的一部分，是走上最高处的一级台阶。

人生活在这个充满荆棘的世上，就要学会面对世上的挫折与失败。女人也是一样。在面对挫折时，女人应该正确处置，无论在任何时候，对于一个渴望成功的女人来说，挫败是十分正常的事情，颓废是可耻的，重复失败则是灾难性的。失败为成功之母，要从挫折中吸取教训。成功是一连串的奋斗，要敢于屡败屡战，且抛弃消极思想，全力以赴，不消极等待，在吸取教训中克服阻碍，做自己最好的对手，不断地去战胜自己。只有这样，女人才能获得属于自己的成功。

女人要懂得失败也是一种幸运

有人说：“最大的失败，就是永不失败。”不愿面对失败与不肯承认失败同样糟糕，其实，若能把失败当成人生必修的功课，不去抱怨，经历之后，你会发现，大部分的失败都会给你带来一些意想不到的好处，而很多时候，失败未尝不是一种幸运呢？

曾经有这样的一个人，他叫王继生。他出生在一个贫穷的农村，高中毕业后就外出打工，但由于学历低，他只能做一些体力活。经过一年多的努力，他开始有了一点积蓄，于是在朋友的劝说下，他开始自己投资干起了零售的行当，他把多年辛苦挣得的资金全投进了一家小肉铺。

刚开始的时候，王继生投资的肉铺的最大主顾是当地一家饭馆。这家饭馆的采购是一个嗜酒如命的人。有一天，他跟年轻的王继生说："如果想要让我来你这里购买，你必须每天给我送一瓶二锅头。如果你做到了这点，以后我就经常来你这里买肉。"王继生不想这么做，因为在他看来，如果每天都这样做，他的利润很小，甚至有可能亏本，于是他们之间的生意从此断绝，王继生的小店也开不下去了。

无奈之下，王继生只好去当地一家布匹服装店当店员。他以行动和言辞说服了这家服装店的两名店主，让他当第三名合伙人，即由他出一笔钱，加上原店的部分存货，由他单独去经营一个新店。起初这家老板不同意，后来经过王继生的不断恳求，老板终于同意了。经过几年的打拼和努力，王继生的事业终于取得了成功，他想到他当初的创业是多么的来之不易，于是他允许雇员享有自己从前曾经享有的机会。

失败乃人生常态，事实上，遭遇失败并不可耻，不失败才是反常，重要的是面对失败的态度，是能反败为胜？还是就此一蹶不振？杰出的企业领导者，绝不会因为失败而怀忧丧志，而是回过头来分析、检讨、改正，并从中发掘重生的契机。

美国人做过一个有趣的调查，发现在所有企业家中平均有三次破产的记录。即使是世界顶尖的一流选手，失败的次数毫不比成功的次数少。所以，可以说，对于成功者而言，失败和挫折就是一种幸运，因为它往往预示着你的成功。

很多时候，一个人通向成功的道路并不是一帆风顺，有失败才有成功。对于意志永不屈服的人，绝没有什么失败！不管失败的次数怎样多、时间怎样长，胜利仍然是可以预期的。失败并不意味着浪费时间与生命，却往往意味着你又有理由去拥有新的时间与生命了。如果在连续失败三次之后你还能顽强不息地奋斗，那么你就不必怀疑自己可能成为一位杰出人物。

谁都不喜欢失败，因为，失败甚至让你的人生受到重创。不过，一生平顺，没遇到失败的人，恐怕是少之又少。然而，若从不同的角度来看，失败其实是一种必要的过程，而且也是一种必要的投资。数学家习惯称失败为“或然率”，科学家则称之为“实验”，如果没有前面一次又一次的“失败”，哪里有后面所谓的“成功”？

从企业经营的立场来看，绝大多数的老板都喜欢成功者，然而，全世界著名的快递公司 DHL 创办人之一李奇先生，对曾经有过失败经历的员工则是情有独钟。

在这个公司有这样的一个惯例，李奇在面试即将走进公司的人时，必定会先问对方过去是否有过失败的经历，如果对方回答“不曾失败过”，李奇直觉认为对方不是在说谎，就是不愿意冒险尝试挑战。李奇说：“失败是人之常情，而且我深信它是成功的一部分，有很多的成功都是由于失败的累积而产生的。”李奇深信，人不犯点错，就永远不会有机会从错误中学到东西，这远比在成功中学到的多得多。

香港恒和宝公司主席陈圣泽说过：“我永远也忘不了父亲送我的那句话：要谨记着往前看，失败了不要气馁！’这句父亲离别前勉励的话，成为我一生奋斗的动力。”很多人只要在大难临头的时候，往往就开始怀疑自己的能力。他们从来不想一想失败并不意味着浪费时间和生命，而是在让他获得新生。如果一个人不经历过痛苦和失败，他内在的潜力又怎会被唤起？他怎么会去想：如果我失败了，我以后将要怎样？他怎么会去思考：失败能唤起我更多的勇气吗？失败能使我付出更大的努力吗？失败能使我发现新的力量，挖掘潜在创造力吗？失败了以后，是决心加倍地坚强还是就此心灰意懒？正是有了这些思考，他们才知道跌倒以后，立刻站立起来，向失败夺取胜利，这是自古以来伟大人物的成功秘诀。

失败和挫折，对于成功者而言，有时真的是一种幸运。托马斯说："伟大、高贵人物最明显的标志，就是他坚韧的意志，不管环境如何恶劣，他的初衷与希望不会有丝毫的改变，并将最终克服阻力达到所企望的目的。"

日本人西村金助原是一个身无分文的穷光蛋，而且在开始的创业屡遭失败，但是他从没对自己有一天能成为富翁产生过怀疑。他顽强进取、处处留心，做生活的有心人，做致富的有心人。他的这种积极的心态帮助了他。面对现状他不沮丧、不气馁，而是力求向上，力求改变现状，这种心态终于使他成功。

西村先借钱办了一个制造玩具的小沙漏厂。沙漏是一种古董玩具，在时钟未发明前它用来测算每日的时辰。时钟问世后，沙漏已完成它的历史使命，而西村金助却把它作为一种古董来生产销售。

沙漏当时的市场已经很小了，而它所面临的买主——孩子们也逐渐对它失去了兴趣。因而，销售量逐渐由多到少。但西村金助一时找不到其他比较适合的工作，只能继续干他的老本行。沙漏的需求越来越少，西村金助最后只得停产。但他并不气馁，他完全相信自己能够战胜眼前的困难。于是他决定先好好休息和轻松一下。他每天都找些乐趣，看看棒球赛，读读书，听听音乐，或者领着妻子孩子外出旅游。但他的头脑一刻也没有停止开拓的思考，机会终于来了。一天，西村翻看一本讲赛马的书，书上说："马匹在现代社会里失去了它运输的功能，但是又以高娱乐价值的面目出现。"在这不引人注目的两行字里，西村好像听到了上帝的声音，高兴地跳了起来。他想："赛马用的马匹比运货的马匹值钱。是啊！我应该找出沙漏的新用途！"

机会总是偏爱有准备的头脑和不怕失败的人，西村金助的精神重新振奋起来，把心思又全都放到他的沙漏上。经过几天苦苦地思索，一个构思浮现在西村的脑海，做个限时3分钟的沙漏，在3分钟内，沙漏里的沙子就会完全落到下面来。把它装在电话机旁，这样打长途电话时就不会超过3分钟，电话费就可以有效地控制了。

制作沙漏对于西村而言，早已是轻车熟路。这个东西设计上非常简单，把沙漏的两端嵌上一个精致的小木板，再接上一条铜链，然后用螺丝钉钉在电话机旁就行了。不打电话时还可以做装饰品，看它点点滴滴落下来，虽是微不足道的小玩意儿，却能调剂一下现代人紧张的生活。

西村金助的新沙漏可以有效地控制通话时间，售价又非常便宜。因此一上市，销路就很不错，平均每个月能售出3万个。这项创新使原本没有前途的沙漏转瞬间成为对生活有益的用品，销量成千倍地增加，面临倒闭的小作坊很快变成一个大企业。西村金助也从一个小业主摇身一变，成了腰缠亿贯的富豪。西村金助成功了，赚了大钱，而且是轻轻松松、没费多大力气。如果我们说西村这次大的成功机会源于他前面的失败，恐怕没人会反对。

女人也要懂得，失败是成功之母，在人生成长途中，失败和挫折将会一直伴随，如果你想成功，就不要去抱怨失败和挫折，而是将失败和挫折看成是一种幸运。成长中，不要被失败所吓倒，当我们已经走到山穷水尽的绝境的时候，很可能我们离成功只有一步之遥了。只要我们坚持，我们就能成功。所以，看看那些失败过的人，他们是如何跌倒的，但又是怎样爬起来的。他们是如何面对人生的失败和挫折的，他们最终又如何在事业中获得成功。如果你明白了这些，那么，成功将不会太远。

女人要学会在挫折中找到成功

挫折和失败是人生对你的另一种形式的馈赠，坑坑洼洼也是对你意志的磨炼和考验。挫折是成功的法宝，它能使人走向成熟，取得成就，但也可能破坏信心，让人丧失斗志。对于挫折，关键在于你怎么对待。

孟子说："天将降大任于斯人也，必先苦其心志，劳其筋骨，饿其体肤，空乏其身，行拂乱其所为，所以动心忍性，增益其所不能。"一个人要有所成，有所大成，就必须忍受失败的挫折，在失败中锻炼自己，丰富自己，完善自己，使自己更强大，更稳健。对待失败，你得感谢才是，因为你通过学习如何从困境中爬出来，从而不再重蹈覆辙。所以，当面对人生中的挫折和失败时，不要抱怨，要学会从失败和挫折中找到自己的成功之路。

温特·菲力说："失败，是走上更高地位的开始。真正的伟人，面对种种成败，从不介意；无论遇到多么大的失望，绝不失去镇静，只有他们才能获得最后的胜利。"世界上有许多人，尽管他们因一时的失败而失去了所有的资产，但是他们并不是失败者，他们依旧有着坚韧不拔的精神，有着不可屈服的意志，凭借这种精神和意志，他们依旧能够走向成功。

如果你在挫折之后对自己的能力发生了怀疑，产生了失败情绪，就想放弃努力，那么你就已经彻底失败了。面对挫折，怀疑绝对不是一种好的发泄方法，而是要将失败感和挫折感以一种新的形式注入信念中去，让它们转变成你身上新的"血液"。

著名诗人济慈本来是学医的，在医学院里他的成绩非常差，常常受到同伴的嘲笑。但后来他发现自己有写诗的才能，就放弃了学医，把自己的整个生命都投入到写诗当中。虽然他只活了二十几岁，但却为人类留下了许多不朽诗篇。马克思年轻时，曾是一名诗人，但他写出来“胡闹的东西”，幸好很快他就发现了自己的长处，便放弃了做诗人的梦想，转到剧团担任合唱演员，但却常常跟不上拍子，几次受到剧团成员的嘲弄，他也明白了自己并没有唱歌的天赋，于是就退出合唱队，投身于写作，结果成为了著名思想家。如果他们没有找到适合自己的路，那他们就会成为人们口中的庸医、恶俗诗人和三流演员。

所以，不要看轻失败者，每一个生命都具有生存的力量，每个生命也都有自我发展的空间。对于自己而言，更是如此，遭受失败和挫折时，不要抱怨，而是要在挫折中找到成功。正想有人说的那样，失败和挫折也是我需要的，它和成功对我一样有价值，只有在我知道一切做不好的方法以后，我才能知道做好一件工作的方法是什么，才能够在失败中找到成功。

丹尼士在中学毕业后，找到了一份暑期工作，在期货交易所担任跑腿，传递买卖单据，但他的经验非常有限，每周工资40美金，但他都会在一小时内输得一干二净，不过那时，丹尼士心里想：无论事情如何，我已经得到了第一次炒卖期货学习的机会。

在丹尼士尚未成年之前，是不允许炒卖期货的，但是他的父亲拥有交易所会籍，于是他就让父亲担任他的买卖手，他经常委托父亲代他即市买卖，结果是经常输得一败涂地。

入行初期，尽管经常输钱，但这段经历对丹尼尔来说是千金难得的经验，他始终没有放弃。第一次入行时注码很少，基本上无伤大雅，第二次失败的经历，可以作为以后买卖的警惕，可以说，开始炒卖的时候，成绩越差，对今后的心理影响越好。换言之，出入行时成绩太过出色，反而不妙。

后来，丹尼士由400美金起家，炒卖成功，个人资产最高峰时已经达到2亿美元，但如果没有丹尼士出入行时遭受到失败的挫折，也没有后来的成功。

俗话说："胜败乃兵家常事。""黑夜过去是黎明"，有太阳总有晨曦显露的时候，把失败和挫折看成是成功和胜利的前奏曲，就能在跌倒之后爬起来满怀信心地继续前进。然而，有的人一遇到失败或挫折就垂头丧气、心灰意懒，从此一蹶不振，少数人甚至走上了绝路。

我们知道，种子深埋在泥土之中，泥土既是它发芽的障碍，更是它生长的基础和源泉。瀑布迈着勇敢的步伐，在悬崖峭壁前毫不退缩，因山崖的碰撞造就了自己生命的壮观。挫折是成功的前奏曲，同样挫折也孕育着成功。

作为法国拉贝拉弥公司亚洲总监及大中华区首席代表，刘丽瑞的成功来自于一千次的被拒绝。

1990年，刘丽瑞跟随先生去法国定居，从普通的交流都困难，到融入法国社会，直到成为法国高科技企业的高管，这步步看似很顺利，刘丽瑞却经历了外人体察不到的艰辛。

这个成功的女人在被问到自己的秘诀时，她浅浅地一笑，说："无外乎是我能经受得住挫折的打击，能从挫折中发现成功。"

刘丽瑞1963年出生于一个知识分子家庭，从懂事起，她就记得家里常常吃不上饭。后来父亲被打成右派，全家都下放到天津农村。看到姐姐初中毕业就下了乡，刚刚8岁的刘丽瑞经常坐在乡间的田岗上，为自己的未来犯愁。

高考恢复后，1981年刘丽瑞考上了中国政法大学。此后的日子，刘丽瑞顺利地毕业、留校，还做上了法律顾问，那时她赚的工资已经是一般人的六七倍。25岁那年，刘丽瑞嫁给了一位研究物理的年轻科学家。1990年，她随同先生一起去了法国，自此她的人生轨迹出现了大逆转。

"大家都认为出国是条好出路，事实上对我来说出国却意味着没有了路。"刘丽瑞就像进入了一个黑洞，看不见哪里是希望，"突然觉得自己连孩子都不如，精神上非常痛苦”。

“在挫折中，人不能暴躁，否则就会失去能量。”刘丽瑞从读服装设计着手，同时学习语言，不断汲取着营养，再图发展。

在经济萧条时期，本国的人想找一份工作都很艰难，更别说一个外国人了。在她的求职信中，每发出100封信，最多只有十分之一会有回复，接着再一家一家地去面试。有些公司在郊区很远的地方，刘丽瑞就大清早起床，乘大巴、搭火车，好不容易到了那家公司，可能发现根本不缺人或那份工作不合适，等再回到家时天早已经黑了。

一封封的求职信都石沉大海。刘丽瑞的先生看不下去了，劝她算了，但她就是不愿意退回到家里，仅仅做一个家庭主妇。在长达数年的时间里，刘丽瑞大概总共发出了1000封求职信。但一千次被拒受挫，她就一千次站起来，对自己说：“我能行！我一定不会因此而止步！”

终于，长期的坚持不懈得到了回报。在千次的拒绝后，刘丽瑞进入了拉贝拉弥，一家专门从事研发、生产和销售移动数码产品的公司。从小崇尚科学的刘丽瑞很快就在工作中找到了感觉，法律背景让她如虎添翼。最终，她成为拉贝拉弥全球十位高管中唯一的女性。

每个女人都明白，在人生的道路上，谁都会遇到困难和挫折，就看你能不能战胜它，战胜了，你就是英雄，就是生活的强者。某种意义上说，挫折是锻炼意志、增强能力的好机会，不要一经挫折就放弃努力，只要你不断尝试，就会在挫折和失败中找到属于自己的成功。

在漫漫人生旅途中，受到挫折不要抱怨，也无须忧伤。只要心中的信念没有萎缩，只要自己的季节没有严冬，即使凄风冷雨，即使大雪纷飞。挫折和失败是人生对你的另一种形式的馈赠，坑坑洼洼也是对你意志的磨炼和考验。红花在晚春凋零，来年又是灿烂一片；黄叶在秋风中飘落，春天又将焕发出勃勃生机。所以，只要你想成功，只要你能够从挫折和失败中找到自己的成功之路，那么，你一定会是一个坚强的女人，一个成功的女人。

女人要学会在挫折中保持清醒

培根曾说："超越自我的奇迹多是在对逆境的征服中出现的。"人生往往就是这样，承受欢乐必先承受痛苦。实际上，挫折带来的痛苦并不可怕，痛苦本身就是一种"清新剂"，能使外化的心智变得内敛，使躁动的情绪渐趋冷静，使麻木的神经变得清醒……笑对挫折，我们应当做生活的强者。能够保持恬淡平和的心境正确认识生活，增强心理承受能力，学会倾诉，强化优势感，重新寻找一个新的目标。学会采取积极的健康的有效的办法对待，是大智若愚，愉悦人生的体现，是读懂了人生旅程中有凄雨更有春风的大度。

一个人如果任凭失败的痛苦在他的心中肆虐，让痛苦扭曲自己的灵魂，就好比往伤口上撒盐，是自我折磨。在挫折中保持良好的、积极的、健康的心态是非常重要的，然而，更重要的是，在任何时候都要保持清醒的头脑，特别是在遭受挫折和失败的打击后，更应该在困境中把握自己，以生命的勇气和对生活的热情迎接痛苦的挑战，在自己的成长中获得坦然和诚实的精神鼓励。

挫折是对一个人最大的考验，如果难以承受，就可能成为挫折的奴隶。挫折就像一把双面刃，虽然会给人带来痛苦和打击，但同时也能磨炼人的意志，让你尝尽艰辛、牢记苦头、汲取经验，使你变得勇敢、坚强。如果你能化挫折为力量，在挫折中奋起，将挫折像蜘蛛网那样轻轻抹去，勇敢地面对对手，挑战对手，挫折是人生难得的一笔财富。

在智利北部有一个叫丘恩贡果的小村子，村子北边是阿塔卡玛沙漠，西边是太平洋。由于地理环境的特殊性，沙漠上的高温气流与太平洋冷湿气流终年交融，形成了多雾的气候。但是浓雾并没有使这片因受强烈日光照射的干涸土地变得湿润。一直以来，这片土地上见不到一点绿色，因而显得非常荒凉。

加拿大有一位物理学家名叫罗杰克，在进行环球考察时，对这片干涸之地产生了浓厚兴趣。不久，他奇怪地发现，这里处处蛛网密布，除蜘蛛外没有其他任何大的昆虫。为什么其他动物不能生存的干旱环境，而蜘蛛却能四处繁衍，很好地生活呢？罗杰克借助电子显微镜，经过仔细观察后发现这些蜘蛛网具有很强的亲水性，极易吸收雾气中的水分。正是这些水分才使得蜘蛛能在如此干旱的环境中生生不息。

罗杰克受到这一奇异现象的启发，在征得智利政府的支持后，研制出一种人造纤维网。在雾气最浓的地段排成网阵，将穿行其间的雾气拦截住并形成大量水滴，这些水滴滴到网下的流槽里，经过过滤和净化，从而形成了新的水源。

如今，罗杰克的人造蜘蛛网平均每天可截水 10 吨，而在浓雾季节，每天可截水 131 吨。这片不毛之地再也不会受到水资源缺乏的困扰，采用新方法截取的水源不仅满足了当地居民生活之需，而且还可以灌溉土地。这片以前荒凉的土地，现在到处充满了生机。

世界上没有绝对的干旱和不毛之地，也从来没有绝对的逆境甚至绝境，有的只是绝望的思维。能否战胜逆境，关键取决于我们态度，只要心灵不曾干涸，再干涸的土地，也会变成生机勃勃的绿洲。

人是弹性很强的动物，再苦的日子人也能过下去。要摆脱困境，就需要把困境看穿，从困境和挫折中振作起来，克服自己的不足，甘冒风险去争取，这需要先向自己宣战，不等不靠，不期待别人的给予。

国际影星奥黛丽·赫本曾立志做一名芭蕾舞演员，但老师却认为她不具备这方面的才华，她痛苦极了。最后她果断地放弃了这一梦想，毅然进军好莱坞。凭借高超的演技和天使般的形象，奥黛丽·赫本成为了一名深受世界各国人民喜爱的电影明星。

西班牙歌手胡利奥·伊克莱西亚斯，是誉满全球的歌手。但很少有人知道，在这之前，胡利奥最大的愿望不是做歌手，而是做一名足球运动员。但是事与愿违，当他一心一意训练自己的足球技能时，一场不幸的交通事故发生了，这使他不得不放弃钟情已久的足球事业，而转向歌坛方面发展。

日本著名作家井伏鳟二，从少年时代起便爱好绘画。毕业后更是迫不及待地叩响了日本各名画家的门，却被一一拒之门外。梦想破灭之后，井伏鳟二决定开辟一条新的发展之路。后来，他考入早稻田大学，最终成为一名著名的作家。

奥黛丽·赫本、胡利奥、井伏鳟二正是在挫折和困境中保持了清醒的头脑，客观地看清自身，才终于坚强地从挫折中崛起，收获人生的成功。

有专家调查，一般情况下，人们只使用了自身全部能力的3%，而绞尽脑汁地思谋对策时，则会调动出平时未曾使用的97%的潜能。所以，当你遭遇挫折时，一定要保持清醒，千万不要轻言退缩。

当然，人生中的挫折，会产生痛苦，这种痛苦来自于心灵深处，比肉体疼痛要过之。然而，挫折又是一种挑战和考验。

国际巨星成龙原名陈港生，他父亲原是香港法国领事馆的一名低层职员，后因为转到澳大利亚的美国领事馆工作，不能带小孩一起去，6岁多的成龙就被送到京剧泰斗于占元寻里寄宿学艺。

成龙跟随于师傅学艺的时候，60来个小朋友挤在一起寄宿，共同使用一个洗手间。这班小学徒，每天清晨5点起床，一直练到半夜12点。因为太累了，要争取睡眠时间，所以不刷牙，也不脱鞋脱袜。5小时的睡眠时间对一个成长中的小孩来说实在太少，所以，很多时候，成龙练压腿时，就架着腿打瞌睡，人家念书的时候，他就坐在教室后面睡觉。

17 岁，成龙正式出师。他曾说过："刚出师时，在潜意识中对父母有些怨恨，他们为什么到澳大利亚去了不理我？其他师兄弟，每个星期，至少两个星期内，就有家人来探访，带他们出去。而我则没有。"由于早年练功时痛苦的磨砺和挫折，使得成龙在以后的岁月中敢打敢拼，成为一代巨星。

学者霍兰德说过："在最黑的土地上生长着最娇艳的花朵，那些最伟岸挺拔的树木总是在最陡峭的岩石中扎根，昂首向天。"学者高普更是一语道破"天机"，他说："并非每一次不幸都是灾难，早年的逆境通常是一种幸运，与困难作斗争不仅磨炼了我们的人生，也为日后更为激烈的竞争准备了丰富的经验。"

我们总是渴望人生之路是平坦的，但是没有谁能够随随便便成功，平坦的背后总有坎坷等着我们，成功永远属于挑战挫折的人，这需要坚韧的毅力和非凡的勇气。在与对手同行的道路上，有坦途，就会有坎坷。

生活在这个现实的世界里，有的时候很多女人会对灾祸和挫折心存侥幸，总是会想，那种在人群中只有低概率发生的事情，怎么会发生在我身上呢？但是纵使挫折发生的概率是百分之一，而这百分之一落在你的头上就是百分之百。也许你会想，以后即使遇到挫折，我也有爱人来帮我挡风遮雨。问题是，如果有一天，你的路真的风吹雪落，即便你的他会为你披荆斩棘开辟道路，可还是需要你用双脚踏过啊！

其实，遇到挫折并不可怕，可怕的是，有的女人一旦进入生活的低谷的时候。就会绝望地想："为什么我这么倒霉？为什么别的人生活得都很好，只有我在遭受痛苦？"其实，并不是只有她一个人难过、痛苦，这个世界上正在经历挫折的人多了，并不是每个人都这样怨天尤人。哭天抹泪，用抱怨来发泄心中的怒气，对你遇到的困难没有丝毫的帮助。

这样做只会使你的心情越来越糟糕。头脑越来越混乱。坚强的女人则不会这样，她们不温不火，也不会不停地向周围的人抱怨自己有多么不幸，她们可能比平常人要沉默一点，但是她们心中对于美好生活的向往从未消失。她们始终坚信，生活总是会好起来的，总有一天自己会走出低谷。

女人要明白，挫折是通往成功之路的必经驿站，每个人成长过程当中都会遇到很多挫折。挫折可以转化为人生最宝贵的经验，也是对人生最坚定的考验，在挫折面前退缩的人，就可能在与对手的竞争中被淘汰出局；对在挫折面前不轻易言败、越挫越勇的人来说，挫折正预不着一种崭新的转折。摆正心态细细地去琢磨，在挫折中保持清醒，生活的道路就会越来越平坦、越来越宽阔。

女人要学会在挫折和不幸中崛起

人生在世，苦乐参半。对于幸运与不幸，虽然没有绝对的比例，但是不幸就像影子一样，随时相伴。不幸像多米诺骨牌，一旦倒下便不可收拾；成功的幸运却似流星陨石，轻易落不到你脚下。然而，对于坚强的人来说，就是进身之阶，成功的垫脚石。

不幸对于幸运儿而言无疑是灭顶之灾，无力抗拒。因为幸运儿习惯了幸运，在他们的生活中，只有- 帆风顺、心想事成，他们不认为不幸也是生活的一部分。他们就像温室中的花朵，失去了抗击风雨的能力。

一个过早透支了幸运的人剩下的无疑是更多的不幸。这其中自有道理：因为你几乎经不起不幸的打击，一旦被击倒，你这个没经过不幸的“魔鬼训练营”调教的人就很难爬起。如此一来，更多的不幸即会劈头盖脸地砸下来。有时候，甚至别人看来不过是个小小的沟坎，也会成为你的生活中难以逾越的高山。

但是，一个聪明的、有远见的人，一定会懂得正确对待幸运与不幸。沉湎在不幸中不可自拔，只有死路一条；而置身于幸运中不作居安思危的长远打算，后果同样不堪设想。

一位将军率船队在海上航行，途中遇上了暴风雨。一名士兵因是第一次乘船，所以吓得不停地狂喊乱喊，大哭不止，让船上的人几乎都受不了，因为这让本来并不担心的人们开始感到了恐惧。将军气恼地想下令把他关起来。

这时将军身旁的一位校官说："不要关他，让我来处理。我想我可以使他马上安静下来。"校官随即命令水手将那位士兵绑起来，丢入海中。那个可怜的家伙一被丢下海，手脚乱舞，狂呼救命。过了几秒钟，校官才叫人把他拉上船来。

回到船上后，说也奇怪，刚才歇斯底里大叫不停的士兵，却静静地待在舰舱一角，半点声音也没有了。

将军好奇地问这个校官何以会如此？校官答说："在情况转变得更加恶劣之前，人们很难体会自身是多么的幸运。"

这位校官是位高明的逻辑学家，在他的手中，幸运就像球拍，而不幸则是球——只有"幸运的球拍"才能将"不幸的球"狠狠抽打出去。

在漫长的岁月中，我们都会碰到一些令人不愉快或者是不幸的事情，既然已经存在了，就不可能发生改变，我们要有所选择，我们应该把它们当作一种不可避免的事实加以接受，并且适应它。一个人只有怀着积极的心态，坦然面对生活中的一切不幸，才会快乐享受生活中的每一天，才能够从不幸和挫折中崛起。

少年时，韦尔斯的腿被摔断过，青年时，他又有几乎被人踩成肉酱的不幸经历。但这样接连的不幸，并没有让韦尔斯一直沉浸在悲痛之中，相反因为这些事，韦尔斯认为自己是不幸之中的幸运儿，因为他活了下来。这样，他不但比常人更珍惜自己的生命，而且更懂得利用生命的价值去创造理想，并以理想来支撑自己的生命力。这就是对待不幸的艺术，只有掌握了这种艺术，你的人生才能活得更精彩。

其实，幸与不幸没有标准，它只是一种心态——无论在什么情况下，只要你觉得自己是幸运的，那么你就是幸运的。反过来，遭受一点挫折，马上大呼不幸，那也只能让你感觉自己更加不幸。如果你把一点点的不幸置于显微镜下面，你甚至会被自己看到的一切吓倒。不幸的感觉只能把你带进绝望的深渊不可自拔。所以，女人在遭遇不幸和挫折时，不要一味抱怨，而是要在不幸和挫折中崛起。

吉尔·金蒙特是全美最有名气的滑雪运动员，她在18岁时就已经出名了。当时，她的奋斗目标是获得奥运金牌。然而，一次的不幸使她的美好愿望变成了泡影。1955年1月，在奥运会预选赛最后一轮比赛中，金蒙特不幸出了意外，永久性瘫痪了。

对金蒙特来说，这无疑是一个致命的打击，她的奥运金牌梦也彻底破灭了。但是，面对不幸，她的斗志并没有被磨灭。再后来的几年时间里，她整日和医院、手术室、理疗室、轮椅打交道，病情时好时坏，但她从来都没有放弃过对生活的不断追求，她开始从事有益于公众的事业，完成自己那未遂的梦想。

接下来的日子，她不断地克服困难，并学会了写字、打字、操纵轮椅、用特制汤匙进食，同时还在加州大学洛杉矶分校选听了几门课程，希望今后能成为一名教师。当她向教育学院提出申请，遭到了系主任、学校顾问和保健医生的质疑，因为金蒙特根本无法上下楼梯走到教室。然而，金蒙特却并没有因此而放弃。终于，1963年，华盛顿大学教育学院聘用了她。因为她教学有方，很快受到学生们的尊敬和爱戴。

后来，由于父亲的去世，金蒙特一家不得已搬到曾拒绝她当教师的加利福尼亚州。金蒙特决定向洛杉矶地区的。教学区逐一申请，当她申请到第 18 所学校时，已经有 3 所学校表示愿意聘用她。为了方便她的轮椅通行，学校特意对其要经过的一些坡道进行了改造，并破除了教师必须要站着授课的规定。

金蒙特一直没有放弃她的理想，很多年过去了，尽管她从未得到奥运金牌，但她却得到了另一块“金牌”，那就是为了表彰她的教学成绩而授予的奖章。

然而，不是所有的女人都能够承受得起磨难和痛苦。一些心灵脆弱的女人，在不幸面前会自怨自艾，抱怨命运的不公，甚至随波逐流，任凭命运驾驭自己的人生，她们最终收获空虚；而那些敢于接受不幸的女人，会正视人生路上的痛苦，会更懂得珍惜和把握美好的人生，并从人生的不幸中崛起。

波尔赫德是一名话剧演员，曾经风靡四大洲戏剧舞台 50 多年，这样一个赫赫有名的女人，在晚年却遭遇了人生中最大的变故。在她 71 岁时，她突然破产了。

与此同时还有更糟糕的事，她乘船横渡大西洋时，因为不小心摔了一跤，腿部严重受伤，并引起了静脉炎，必须将腿部切除。医生担心她无法承受这个打击。迟迟不敢将这件事如实地告诉她。最后，当波尔赫德得知这个消息后，她的反应出乎所有人意料，她表现得非常平静，双眼注视着医生，淡淡地说道：“既然已经没有别的办法了，那就这样办吧！”

手术当天，波尔赫德在轮椅上高声朗诵戏里的一段台词。有人问她：“您这样做，是不是在安慰自己？”她回答说：“不，我是在安慰医生和护士，他们实在太辛苦了！”就在波尔赫德做完腿部截肢手术之后，她仍然没有放弃在世界各地演出的机会，而且她在舞台上又工作了 7 年。

波尔赫德在破产、截肢这些不幸和挫折面前，遇乱不惊，泰然处之，坚强地面对这些痛苦的遭遇，并鼓舞自己，重新登上了舞台。一个人在痛苦中懂得的东西，永远比在欢乐中懂得的要多。因为欢乐只能让我们享受人生，而痛苦却能让我们认识人生！

身为女人，想要穿越不幸拥抱幸福，那就要学会坚强，不去抱怨。因为生活本来就是如此，有艰辛、有不幸。所以，在遭受生活中的不幸和挫折时，要坚强地对待挫败和不幸，只有这样，才能够在挫折和不幸中崛起。

第四章

不因讥笑羞辱而抱怨，就会赢得他人赞誉
——高尚的女人不抱怨

社会是复杂的，人也是复杂的。由于每个人的身份地位的不同，当一个人处于劣势的时候，遭受别人的讥笑和羞辱是很常见的。这个时候你要做的不是逞一时之愤，不顾后果，而是要有能够容忍的高尚情操。只有忍一时风平浪静，在忍耐别人的嘲笑与羞辱中不断积蓄能量，才能够有所成长有所进步和完善。很多时候，我们甚至可以感谢那些曾经嘲笑和羞辱我们的人。

女人要懂得将羞辱化为动力

大文豪巴尔扎克曾说："世上所有德行高尚的圣人，都能忍受凡人的刻薄和羞辱。"如果你想有所作为，那么就要学会忍耐，并以自己的行动告诉那些看低你的人：你们都错了，我是一个优秀的人。

"有人辱骂我，分明了了知。虽然不应对，却是得便宜。"这是唐代著名的和尚诗人寒山的一首诗。这首诗所表达的内容，充满了为人处世的机智。平白无故地被人辱骂，当然很不乐意。但你应该知道，这种张口就骂的人，一般都没有修养，没有风度，有什么必要与他们一般见识，争论不休呢？忍辱求和、受辱不怨，既是一种处世方法，也是一种高尚情操。

大千世界，人也是形形色色。面对别人的羞辱，你能够心甘情愿地笑纳吗？在忍受了羞辱之后，你是否还能够如被切断的蚯蚓一样再次活过来？如果可以，你就能成为一个勇者，为世人所敬仰，否则的话，你将不能勇敢地面对外界的压力。强者懂得在受到别人的羞辱时，能够微笑面对，而后在暗中努力，将这种羞辱化为一种动力，用自己的行动来让这些曾经羞辱你的人后悔，让他们知道嘲笑他人的后果。

在中国古代就有这样的人，他们在遭受别人的羞辱时，能够将这种别人难以忍受的羞辱化为动力，以图后来的崛起。说到卧薪尝胆的越王勾践，相信大家都很熟悉，最让人记忆犹新的就是他卧薪尝胆的故事。他卧薪尝胆，苦身焦思，忍辱负重，终灭强吴，北观兵中国，以尊周室，号称霸王。这千古美谈，无人不知，无人不晓。越王勾践之所以能称霸，除了有贤臣良将辅助之外，当然也与自身的素质有关。

勾践继承越国王位的时候，被吴国打败。勾践无奈，带五千余兵保全于会稽。勾践请为臣，妻为妾，卑辞厚礼以遗吴，并愿身与之市。勾践在亲自服侍吴王夫差期间，对吴王唯命是听，百依百顺。即使是让他去干一些卑贱的活，也绝无二言。他默默忍受羞辱，直到他的忠诚赢得吴王的信赖，把他送回到会稽山为止。一个君王为什么能这样忍受敌国的百般凌辱，而且是自己情愿去的？不是因为别的，因为他懂得真正的大丈夫应该是能够做到能屈能伸，应该是能够顶住别人的羞辱，而从这样的羞辱中找到自己活下去的动力，让当初羞辱你的人尝尝羞辱你的滋味，而吴王后来的确尝到了，也后悔莫及。这就告诉我们，相对于你心中的理想而言，一点点的羞辱又算得了什么呢？如果忍受这样的羞辱，可以让你有一天以成功者的姿态站起来的话，那就不要拘这样的小节，让这样的羞辱成为你奋发图强的动力。只有在他人的羞辱面前，仍能把握好人生的船舵，这样的人生才是有价值的人生。

现实中，当技不如人时，难免要受到他人的嘲讽和羞辱，因此而沉沦或者是对对方产生记恨，并伺机报复都不是好的作为。面对别人的低度评估和羞辱，正确的方法应该是要学会忍耐，并默默为之改变，将这种羞辱化为自己向上的动力，并有所成就才是最好的反抗方法。

这个世界上优秀的人毕竟如凤毛麟角，很多人都尝过低人一等的滋味，被别人嘲讽和羞辱也就在所难免，当你得到别人给你的“低度评估”时，千万不要太计较。暂时的低落并不能说明什么，如果能够忍耐，并默默为之改变，将来总有一天你会大鹏展翅，击水三千里。千万不要为自己受到的点滴屈辱而大张旗鼓去进行报复，那样，你恰恰用你的行动印证了嘲讽你的人的言语。

实际上，人生的竞赛并不亚于一场马拉松赛跑，长跑中最为关键的是耐力，那些跻身第一排的起跑者，往往并不是最先到达终点的人。别人的评价往往只能代表他个人的观点，而绝不是真理。

贝多芬学拉小提琴时，技术并不高明，他宁可拉他自己作的曲子，也不肯做技巧上的改善，他的老师评价他说：“你绝不是个当作曲家的料”；歌剧演员卡罗素美妙的歌曲享誉全球，但当初他的父母希望他能当工程师，而他的老师对他的评价则是：“他那副嗓子是不能唱歌的”；爱因斯坦4岁才会说话，7岁才会认字，他曾遭到退学的命运，老师给他的评语是：“反应迟钝，不合群，满脑袋不切实际的幻想。”法国化学家巴斯德在读大学时表现并不突出，他的化学成绩在22人中排第15名；牛顿在小学的成绩一团糟，曾被老师和同学称为“呆子”；罗丹的父亲曾怨叹自己有个白痴儿子，在众人眼中，他曾是个前途无“亮”的学生，艺术学院考了三次还考不进去。他的叔叔曾绝望地说：“孺子不可教也。”《战争与和平》的作者托尔斯泰读大学时因成绩太差而被劝退学。老师评价他：“既没有读书的头脑，又缺乏学习的兴趣。”

如果这些人不能忍受别人的评论而放弃了自己追求的方向，怎么能取得举世瞩目的成就呢？所以，当你遭受到别人的嘲讽和羞辱后，不要去抱怨那些羞辱你的人，而是应该将这种羞辱化为自己成功路上的动力。

彼得·丹尼尔小学四年级时，常遭班主任菲利浦太太的责骂：“丹尼尔，你功课不好，脑袋不行，将来别想有什么出息。”丹尼尔当时非常消沉，感觉自己一无是处，同时，他也非常记恨这位老师，总是想方设法在她的课堂上捣乱，菲利浦太太忍无可忍，在校长面前说尽丹尼尔德坏话，最后校长勒令丹尼尔退学。退学后的丹尼尔依然是个混混，游手好闲，直到26岁时，他仍大字识不了几个，青春年华似水东流，可是他却毫无建树。后来，一位朋友念了一篇《思考才能致富》的文章给他听，彼得深受震动，他后悔自己将大好光阴白白浪费，此后，他完全静下心来，默默改变，他买了好多书籍，刻苦研读。终于，在他36岁时，他成了著名的作家，后来他出了一本书，书名叫作《菲利浦太太，你错了》。

女人也要懂得将生活中别人对你的羞辱和嘲讽化为你上进的一种动力，并且在生活中要学会忍耐，默默改变，不在乎别人对自己的低调评价。追求一种充实有益的生活，其本质并不是把夺第一看得高于一切，它只是个人对自我发展、自我完善和美好幸福生活的追求。告诉自己要有承受力，要能忍受羞辱，不管羞辱来自主观或是客观，要达观乐天，一笑置之；要有忍耐力，忍耐各种有形的、无形的压力，要有弹簧精神，能屈能伸；要有自制力，在被羞辱或承受委屈的时候，心中纵有怒火熊熊，脸上依旧浅笑盈盈，保持心态和谐稳定，维护身体健康发展。

女人要明白，人的生命只有一次，短短几十年光阴，我们不应该在别人的嘲讽和羞辱面前逞一时之气而放弃大好光阴。如果连生命都没有了，还谈何尊严，还谈何受羞辱？不成熟没有心计的人才会这么做。成熟的人受了羞辱，能把它化为动力，从另一个角度鞭策自己，使自己进步，这样的人才是大智大慧之人。所以，一个高尚的女人绝不会因为别人的羞辱而整天抱怨，而是将这看作是对自己的提高。做到这样，你也会是一个令人赞誉的高尚的女人。

女人要学会感谢打击你的人

一位哲人说过，任何学习，都不如一个人在受到屈辱时学得迅速、深刻、持久，因为它能使人更深入地接触实际、了解社会，使个人得到提升、锻炼，从而为自己铺就一条成功之路。

学会对打击和嘲笑抱着一种积极的态度，受到打击和嘲笑时，不是愤恨难消，而是借着打击来锻炼自己的心性、品格。所以，你要学会感谢打击你的人，感谢他们给了你锻炼自己、提升自己的机会。

其实，生活中每个人都不是十全十美的，都不能保证自己不犯错误，如果你害怕遭到别人的嘲笑，害怕别人的打击，而不得不对自己的过失加以掩饰，那你就大错特错了，不要把精力都放在避免别人的嘲笑和打击上，而是放到你的学习中去。

人生在世，经常会遇到别人善意的或者恶意的打击，有时可能在伤心的同时，会深深怨恨那个打击你的人。朋友，不要生气，放开心胸感谢他吧，是他让你知道自己原来还不完美，否则不会让别人不满。

守端禅师的师傅是茶陵裕山主。一次，师傅偶然诗兴大发，作了一首诗，“我有一颗神珠，久被巨劳羁锁。今朝尘尽光生，照见山河万朵。”守端很喜欢这首诗，就牢牢地背了下来。

一天，他去拜访方会禅师，方会问他：“听说你师傅作了一首好诗，你能背来听听吗？”

守端很是得意，因为记得牢，所以他非常流畅地背了下来。等他背完了，方会大笑一阵，然后转身出去了。守端很是不解，他回来后苦苦思索了一个晚上，也没有想出个所以然来。于是，第二天一大早，他又来到了方会的禅房，问他昨天为何大笑不止。

方会反而问他：“你见到昨天那个演出的小丑了吗？”

守端回答：“见了。”

“可是你连他都比不上啊！”

守端一听吓了一跳，问道：“您这是什么意思？”

方会说：“他们喜欢人家笑，你却怕人家笑。”

守端听后，恍然大悟。

演出中的小丑不怕被别人嘲笑，因为他们本身就是靠出丑给观众带来了快乐，得到观众的认可。如果我们不能接受别人的嘲笑，受不了别人的打击，可越不能接受，就越会受到别人更多的挑剔和攻击，我们就会更痛苦。

可守端面对一些错误，总是拒绝别人的嘲笑，并且因为害怕嘲笑而对自己的过失加以掩饰。然而，人非圣贤，孰能无过？人生在世，谁能保证自己不犯错误呢。有时候，面对工作中的失误，面对同事的嘲笑，你会抱何态度呢？无一例外的，你会感到尴尬，然后就会在以后的工作里变得更加小心翼翼。一个时刻担心自己犯错的人，是最容易犯错的，因为他的主要精力不是集中到处理好工作上面，而是集中在如何避免犯错上面，那么很自然的，没有全力投入的工作就很可能犯错。

很多时候，面对嘲笑或是打击，解嘲或许还远远不够，有时候一件事情给我们的感觉甚至是屈辱。屈辱，可以成为泯灭一个人理想之火的冰水，也可权成为鞭策一个人发奋成功的动力。学会把你的屈辱变成一根鞭子，鞭策你鼓足勇气，奋勇前行。

在人的一生中，亲人的关心呵护，老师的教导，同事和朋友们的帮助，使一个人健康快乐地成长。但是温室里不可能培育出栋梁之才，温室里的花朵太娇嫩了，只有经历大自然风吹日晒、雹打霜欺，才能使自己强壮起来。

然而，在生活中，我们总是会遇到一些人，他们的光环让我们感到自身的渺小，在他们的面前，我们甚至觉得自己一无是处，于是真正的较量还没开始，我们就已经早早认输了。其实，你完全没有必要那么自惭形秽，即使他比你优秀得多，也不能抹杀你身上的优点。

在打击和嘲笑面前，我们应该有这样的心态，越是有人打击，就越坚强；越是面对恶毒的人，就越懂得感谢。把别人对你的打击伤害转化成你 前进的动力，你就会发现打击和苦难也是人生的宝贵财富，如果没有被别人打击过，就不会那么坚强地站在大地上。

黎兵没有上过大学，家在农村，高中毕业后回家干农活。当时，在农村如果有一样手艺，就会生活得好点，于是，黎兵的母亲给他找了个木匠师傅，教他学习。从此他就和师傅一起学做木匠，最初是在农村盖房子。后来搞点装修，他从不习惯到出徒，吃了很多苦，受了很多委屈，很多次在梦中哭着醒来，很多次累得体力不支，又很多次悲观绝望。后来，经过自己的努力，他能用自己学来的手艺赚钱了。

高中毕业后，虽然他没有再上学，但是一直和高中同学保持联系。

有一天，一个高中同学来看望黎兵，当时他正在给别人装修房子，身上脏兮兮的，同学见他那一身行头，很不舒服，眉头一皱，随口说了句："没想到你现在在做这种工作，真是个窝囊废!"然后就离开了。

面对这样的打击和嘲讽，黎兵心里非常难受。于是，他停下了手里的工作，眼泪不停地往下流，心里也不知道是什么滋味，难受得快要窒息了。他在心里暗暗发誓：我不要做窝囊废，我一定要发愤图强，做个像模像样的人。从那以后，他开始努力了，工作之余，发奋读书，在短短的时间里通过了成人自学考试，并考上了公务员。现在在行政事业单位工作，已经是单位的骨干人物了，工作也很出色，得到了领导的认可和同事的赞赏。

我们可以看到，黎兵的那个同学说他是个窝囊废，话说得是很难听，很打击人，但是却激发了黎兵的斗志，激发了他前进的动力，让他获得了今天的成功。当一个人受尽打击时，潜能才能被激发出来，而且唯有此时，才能越挫越勇，逼自己去突破现状！其实，在所有成功路上绊倒你的"打击"。背后都隐藏着激励你奋发向上的动机。

虽然这样说，但是在我们的生活中谁也不喜欢受到别人的打击和嘲讽，很多时候我们会非常厌恶打击我们的人，有时甚至恨之入骨。其实换个角度想想，在这些打击和嘲讽的背后，往往隐藏着一种很强大的力量，这会给我们一种激励和帮助，让我们在打击中成熟。的确，打击，在每个人的生命中都是重要的，打击对我们造成的激励作用也是非常重要的。看看那些成功的人，我们不难知道，凡是最后成为栋梁之才、成为伟人的人，都不会是一帆风顺、事事顺心如意，都是经历了很多困难和打击、吃尽了苦头才成功的。

在当今社会，女人往往还是处于弱势，受到打击和嘲讽是很常见的。但是女人应该明白，打击是生活给你的最好机会和馈赠，没有打击就没有人生的超越。当有一天你回顾你走过的路的时候，你会惊奇地发现，真正促使你成功的不是优越的环境，真正让你坚持到底的不是朋友和亲人，真正激发你、让你昂首阔步的不是金钱和荣誉，而是那些打击、挫折。所以，我们应该感谢那些曾经打击过我们的朋友和敌人，因为成功既来自比你高的人的提拔，也来自比你低的人的激励。你的进步和成熟是在受打击和受挫折中逐步积累的，你要学会感谢打击你的那些人。

面对嘲讽，女人要学会忍

俗话说，忍一时，风平浪静。的确，在生活中，有时会遇到一些让人难以忍受的事情，比如说，嘲讽。因为这些事难以避免，而抱怨和愤怒都是不能解决问题的。所以，当你遇到别人的嘲讽时，要学会忍。

提到完璧归赵的故事，想必大家都知道。蔺相如两次出使，保全赵国不受屈辱，立了大功。赵惠文王十分信任蔺相如，拜他为上卿，地位在大将廉颇之上。

廉颇很不服气，私下对自己的门客说："我是赵国大将军，出生入死，立了多少汗马功劳。蔺相如不过耍耍嘴皮子，有什么了不起的？现在他竟然爬到我头上来了。哼！我见到蔺相如，总要给他点颜色看看。"

廉颇的话传到了蔺相如耳朵里，蔺相如就装病不去上朝。

一天，蔺相如带着门客坐车出门，真是冤家路窄，老远就瞧见廉颇的车马迎面而来。蔺相如立即叫车夫把车退到小巷里去躲一躲，好让廉颇的车马先过去。

这件事可把蔺相如手下的门客气坏了，他们责怪蔺相如不该这样胆小怕事。蔺相如对他们说："你们看廉将军跟秦王比，哪一个势力大？"门客说："当然是秦王势力大。"蔺相如说："对呀！天下的诸侯都怕秦王。为了保卫赵国，我就敢当面责备他。怎么我见了廉将军反倒怕了呢？因为我想过，强大的秦国不敢来侵犯赵国，就因为有我和廉将军两人在。要是我们两人不和，秦国知道了，就会趁机来侵犯赵国。就为了这个，我就得忍让点儿。”

有人把这件事传给廉颇听，廉颇感到十分惭愧。于是，廉颇赤裸上身，背着荆条，来到蔺相如府上请罪。见到蔺相如后，廉颇说：“我是个粗人，见识少，气量窄，不知道您竟然这么宽宏大量，这么忍让我，我实在没脸来见您。请您责打我吧。”

蔺相如连忙扶起廉颇，说：“咱们两个人都是赵国的大臣。将军能体谅我，我已经万分感激了，您怎么还来给我赔礼呢。”两个人都激动得热泪盈眶，从这以后，两人成了知心朋友。

我们看到，蔺相如在面对廉颇背后的嘲讽的时候，并没有去抱怨，也没有愤恨，而是选择了忍和宽容，也就是忍一时风平浪静。我们也应该学会宽容，“忍一时风平浪静，退一步海阔天空”。很多时候，由于利益或是其他原因，遭受一些嘲讽是很常见的。当我们面对这些有时是难以忍受的嘲讽时，不要抱怨，而要学会宽容。宽容能使一个人在生活的道路上越走越远。

在现实生活中，人与人之间有时也会为某些事情出现利益上的冲突。面对这些冲突，有的女人会认为应据理力争，向对方显示出自己的本色，有时甚至会利用嘲讽来攻击对方。其实，真正聪明的女人懂得，人际关系中暂时的忍让吃亏，可以获得更长远的利益。

面对利益上的冲突，要学会忍让。说到这里，可能有些女人会质疑了，既然都让步了，肯定不可能再把失去的利益换回来。其实，与人相处，讲究的是技巧，退让的确会让女人失去一些眼前利益，然而如果能够把眼光放远些，相信一定会体会到退让的好处。聪明的女人懂得，人际交往中，让人一步并不会让你降低身份，当然，如果女人在占理的情况下做出让步，还会让众人领略到你的宽宏大量，最终让你达到众望所归的地步。

戴维是美国有名的工程师，他毕业于美国耶鲁大学，同时还拿到了德国佛莱堡大学的硕士学位。也许有人会认为像他拥有这样的学历，无论走到哪里都会有企业争相雇用他。然而，实际情况却恰恰相反，他去面试的地方听说他的学历后就拒绝了他。最后，他还是巧妙地解决了这个难题。其实。他的方法很简单，那就是主动退一步，获得他人的认同。

戴维带齐了自己所有的文凭前往美国西部的大矿主赫斯特的公司去面试，然而在面试的时候却遇到难题。这个矿主是一个脾气古怪的人，没有读过什么书，因而内心就排斥所有有文凭的人，认为他们都不可信任。因而，当矿主见到他的文凭时，很不礼貌地拒绝他："告诉你吧，我之所以不录用你，就是因为你是德国佛莱堡大学的硕士。虽然你读了很多书，然而都是一堆毫无用处的理论，我这里根本不需要像你这样满肚子墨水的工程师。"

听到他的话，戴维明白，想要正面说服这个固执的人肯定不容易。既然，他打心眼里认为学知识没有用的话，不如就顺着他的意思说下去。

聪明的戴维想到一个办法，听了矿主的话后，他非但没有与矿主理论，反而心平气和地与矿主交谈起来。他向矿主提出条件："如果你能够答应我，不告诉我父亲的话，我可以告诉你一个我的小秘密。"听了他的话，矿主点头同意。他便对矿主小声说："其实，我也是觉得读书根本没有什么用处，所以我在佛莱堡大学的三年，根本没有学到什么东西，就那么稀里糊涂混过来了。"听了他的话，矿主脸上露出喜悦的表情，当即改变主意让戴维到他的矿上去上班。

我们看到，戴维对矿主的冷嘲热讽，并没有据理力争，而是做出让步，赞同矿主的想法。然后，他进行自我贬低，告诉对方自己这几年来不学无术，根本没有读到什么书。他的退让，既没有使任何人受伤害，反而让固执的矿主改变了决定，被成功录取。表面看来，戴维让了步，吃了亏，然而，到头来却取得矿主的认同，最终获得胜利。

也许有人会说，面对矿主的冷嘲热讽，戴维根本没有必要让步，矿主因为自己没文化就否定有文凭的人，就应该给他点教训，让他再也不敢看不起有文化的人。然而，这样肯定不能解决问题，只会让他彻底不能得到这份工作。聪明的女人懂得，与人相处，主动的让步并不能使一个人的能力和学识有丝毫的磨灭，相反，可以在退让中体现一个人的学识与涵养。

宽容理应成为现实生活中人们的一面镜子，反省自己，理解别人。在竞争激烈的今天，人与人之间的关系日益紧张，有的人为了金钱、地位、个人名誉而放弃了宽容。其实，这些人并不懂得宽容的意义，宽容，是幽谷兰香，使人越闻越香；是青松峻岭，使人越压越坚强。有时我们甚至可以说，宽容别人就是宽容自己，给别人一些空间，你将获得一片蓝天，在那儿自由飞翔。我们应该从小事做起，学会忍耐，学会宽容，要知道有宽容才有和谐。

面对嘲讽，女人也要学会宽容，学会忍一时风平浪静。人生的处境不同，身份不同，有时遭受到别人的冷嘲热讽是常有的事。而此时，是选择抱怨，以牙还牙，还是选择宽容忍让，完全由你决定。但是高尚的女人知道，面对这些嘲讽，抱怨和以牙还牙对解决问题是没有好处的。学会选择宽容吧，它会使你在社会中不被孤立，不被排斥，永远得到别人的关爱和宽容。只有相互宽容，相互忍让，才会使我们的生活到处充满阳光和欢笑，使我们的人生更有意义和价值！

女人要正确面对凌辱

社会是残酷的，社会中的人也是复杂的。人生在世，总有身处劣势的时候，而在这时遭受别人的凌辱也是无可奈何。但是，在这些凌辱面前，女人应该如何面对呢？女人要懂得，挑战和耻辱都是你生命中的珍宝，正是它们给你奋发向上的力量。所以我们应该感谢凌辱你的人。

中国历史上，很多被后世所赞颂的人，都是能够在面对别人的凌辱时，能够选择正确的态度和方式而后有所成就的，而很多不能够正确面对凌辱的，往往身死当年。司马迁受了酷刑以后，发愤写《史记》，如果他当初不甘忍受如此大的凌辱而选择轻生，还会有流芳百世的巨著《史记》吗？而同样的历史人物，如世人皆醉我独醒的时候，可以像屈原那样投江自尽，以示自己的清白，但他也可以忍受住众人的凌辱而活下去，做到出淤泥而不染，也许这样的屈原会更受人尊重，也可以为历史再添辉煌；而西楚霸王项羽，因为无法面对江东父老，没有办法忍受住他人的凌辱，而最终在乌江边拔剑自刎，试想，如果他当时能够抛开所谓的面子，能够忍受住别人的凌辱，那么终有一天他可以重新过乌江，那么历史就要发生极大的变化……不错，这些无法面对挫折的历史人物虽然存在着值得我们敬佩的地方，但如果他们能够忍住凌辱，能够做到大丈夫能屈能伸，他们就可以创造更多的奇迹，更多的辉煌，就总会有东山再起的时候。很可惜他们没有做到，他们选择了逃避，选择了用死亡来面对别人的嘲笑和凌辱，选择了把最好的印象留在世人的眼里，但这些对于死人而言已经没有任何意义。

汉初名将韩信年轻时家境贫穷，他本人既不会溜须拍马，做官从政，又不会投机取巧，买卖经商不会缺斤短两。整天只顾研读兵书，最后，连一天两顿饭也没有着落，他只好背上祖传宝剑，沿街讨饭。

有个财大气粗的屠夫看不起韩信这副寒酸迂腐的书生相，故意当众奚落他说："你虽然长得人高马大，又好佩刀带剑，但不过是个胆小鬼罢了。你要是有胆量，就一剑捅了我；要是怕死，就从我裤裆底下钻过去。"说完摆好姿势，看着韩信。

众人一哄围上，想看韩信的笑话。韩信认真地打量着屠夫，竟然弯腰趴在地上，从屠夫裤裆下面钻了过去。街上的人顿时哄然大笑，都说韩信是个胆小鬼。韩信忍气吞声，闭门苦读。几年后，各地爆发反抗秦王朝统治的大起义，韩信闻风而起，仗剑从军。

韩信忍胯下之辱而图盖世功业，成为千秋佳话。试想一下，当别人凌辱他的时候，如果他为争一时之气，一剑刺死羞辱他的屠夫，按照法律处置，则无异于以盖世将才之命抵偿无知狂徒之身。韩信深明此理，宁愿忍辱负重，也不愿争一时之短长而毁弃自己长远的前程。

很多时候，在自己处于劣势的时候，面对别人的凌辱，不抱怨，也不要逞一时之勇，而是要学会忍耐。这时的忍耐，不是屈服，而是退让中另谋进取；不是逆来顺受、甘为人奴，而是委小屈求大全。一旦时机到了，他就能如同水底潜龙冲腾而起，施展才干，创建功业。所以说，吃“眼前亏”是为了不吃更大的亏，是为了获得更长远的利益和更高的目标。“忍之所不能忍，方能为人所不能为。”看似英勇、豪气冲天的人其实是莽夫一个；而忍气吞声、宁吃眼前亏的人才是真正的英雄。

成大事者，不拘小节。因为在这些胸怀大志人的心目中，凌辱和嘲讽对他们几乎构不成任何伤害，反倒会更加激励奋斗的勇气。勇气，绝不仅仅表现于反抗、竞争或斗狠，真正可以让你笑到最后的勇气，恰恰是常人所认为的“太老实”“太没胆”的大忍之勇。因为忍者无敌，做大事业的人在追求成功的漫长道路上，绝不会做因小失大、得不偿失的傻事。

一代英主康熙大帝在继位执政60周年之际，举行了一次大宴进行庆祝。在宴会上，他敬了三杯酒，一杯敬给已故的孝庄太皇太后，感谢孝庄辅佐他登上皇位，一统江山；第二杯敬给众大臣和天下万民，感谢众臣齐心协力尽忠朝廷，天下万民俯首农桑，天下昌盛；第三杯敬给的是他的敌人，吴三桂、郑经、噶尔丹和鳌拜，因为正是他们成就了康熙的丰功伟绩。

忍耐是一种蓄势待发的信念。如果说这世界还有什么打不败的人，那么他肯定属于那些坚守信念的忍者，有着惊人的耐心，严酷的自制力，永不放弃的精神。他们是打不败的，因为信念的防护罩是坚不可摧的。

一位修女要为孤儿院募捐，因此特别去拜访一位被公认为一毛不拔的吝啬鬼的富翁。当天富翁因为股票跌停，心情不佳，又认为修女来的不是时候，大为光火，所以未待修女说完来意，挥手就打了她一记耳光。

但这修女不还手也不还口，只是面带微笑站着不动。

富翁更恼火，骂道："怎么还不滚？"

修女说："我来这里的目的，是为孤儿募捐。我已收到您给我的礼物，但是他们还没有收到礼物。"

富翁因修女的态度，大受感动，以后每个月自动送钱到孤儿院去。

面对别人的凌辱甚至是欺辱，这位修女不但不抱怨不生气，反而微笑并欣然接受这一蛮横耳光为"礼物"。

在我们的生活中，我们常常需要感谢的并不是鲜花和掌声，很多时候，我们需要感谢我们的对手，感谢那些让我们受到凌辱的人，不管他给了我们多么沉重的打击，正是在他们的逼迫之下，我们才会努力。在和对手的对抗中，我们真正磨炼了自己。可以说，给我们耻辱的对手是我们前进的推动力，是我们成功的催化剂。

女人也要明白，在我们处于劣势时，有时免不了要受到他人的凌辱。但是，我们一定要正确地面对这些，不要抱怨，不要以软碰硬，那样对我们没有任何益处。我们要做的就是暂时的忍耐，并在忍耐中不断强大，不断有所为，只有这样，才能有所成，才能够让世人赞誉。

女人要学会容忍别人的讥笑

小知不及大知，大鹏志在千里，又何必在乎寒蝉的讥笑！人生在世，没有谁能一生不遭遇到别人的讥笑，然而，面对这些讥笑的时候，你要学会容忍，而不是抱怨。

大鹏奋力而飞，翅膀就像垂天的云彩。它在等候海上飓风到来，然后扶摇直上，水击千里，鹏程万里，然而燕雀寒蝉却对于大鹏的“不鸣”不以为然，它们讥笑说：只要有个树枝可以落脚即可，何必非要飞到九万里的高空呢？寒蝉的讥笑，只不过是“小知不知大知”，而大鹏志在千里，不鸣则已，一鸣惊人，因此，它们能够忍耐，等待一飞冲天的机会到来。

战国时期政治家苏秦自幼家境贫寒，温饱难继，读书自然是一件非常奢侈的事。为了维持生计和读书，他不得不时常卖自己的头发和帮别人打短工，后来又离乡背井到了齐国拜师求学，跟鬼谷子学纵横之术。

一段时间以后，苏秦自以为学业有成，便迫不及待地告师别友，游历天下，以谋取功名利禄。数年后不仅一无所获，自己的盘缠也用完了。在走投无路之际，穿着破衣草鞋踏上了回家之路。到家时，苏秦已骨瘦如柴，全身破烂肮脏不堪，满脸尘土，与乞丐没有什么差别。

妻子见他这个样子，摇头叹息，继续织布，虽然充满同情，但还是显得很冷漠；嫂子的鄙夷则更加明显，当见他这副落魄的样子，嫂子扭头就走，不愿做饭；父母、兄弟、妹妹不但不理他，还暗自讥笑他说：“按我们周人的传统，应该是安分于自己的产业，努力从事工商，以赚取十分之二的利润；现在却好，放弃这种最根本的事业，去卖弄口舌，落得如此下场，真是活该！”

苏秦身为七尺男儿，身受此辱，实在是无地自容，惭愧而伤心。他关起房门，不愿意见人，对自己作了深刻的反省：“妻子不理丈夫，嫂子不认小叔子，父母不认儿子，都是因为我不争气，学业未成而急于求成啊！”

对于别人的讥笑，苏秦选择了忍耐，他要重振精神，发奋再读书。他搬出所有的书籍，用心钻研。他每天研读至深夜，有时候不知不觉伏在书案上睡着了。第二天醒来，却懊悔不已，痛骂自己没有用，但又没有什么办法不让自己睡着。

为了珍惜时间，苏秦还发明了醒神的办法，那就是著名的“锥刺股

（大腿）”，以后每当要打瞌睡时，他就用锥子扎自己的大腿一下，让自己猛然“痛醒”，保持苦读状态。他的大腿因此常常是鲜血淋淋，惨不忍睹。

就是在这样的磨砺中，苏秦博览群书，学富五车。这时，他充满自信地说：“用这套理论和方法，可以说服许多国君了！”苏秦开始游说六国，终获器重，挂六国相印而声名显赫，开创了自己辉煌的政治生涯。

生活永远在源源不断地制造着讥笑，这是不变的话题，没有人能一生不遭遇到别人的讥笑，但是比这更重要的是你的态度。有些人一辈子被讥笑淹没，自暴自弃：而有些人则因讥笑而奋发，成就一番功名，这才是人生的强者。

不可否认，一个人的出身对其成长的影响是很大的。在某些特定的历史条件下，对很多人来说，是龙生龙，凤生凤，老鼠的儿子会打洞，甚至是八分、九分天注定，一分、二分靠打拼。但是，随着历史的发展和社会的进步，一个人的命运越来越不取决于自己的出身，而是越来越多地取决于自己的努力。

裁缝出身的美国总统安德鲁·詹姆斯逊曾经遭遇过被人羞辱的窘境。

詹姆斯逊在华盛顿的就职仪式上发表演讲时，人群中突然有个人高声喊：“他只是个裁缝出身的人！”面对突如其来的嘲弄，詹姆斯逊泰然自若、心平气和地说：“某位先生说我过去曾是个裁缝，这根本没有使我感到难堪。因为当我做裁缝的时候，我享有一个优秀裁缝的良好声誉，而且我特别胜任自己的工作。我总是对我的顾客热情周到，并取得了出色的业绩。”话音刚落，热烈的掌声驱散了恶意的嘲弄。

我们不禁为这位总统的忍耐感到钦佩，当面对别人的嘲讽，你能够忍耐，静下心来弥补自己的不足，才能以图大志；面对别人的讥笑，你能够忍耐，以深厚的修养来冷静处理，才能赢得人心。

第十六届美国总统亚伯拉罕·林肯出生于一个鞋匠家庭，而当时的美国社会非常看重门第。林肯为竞选总统在参议院演说时，遭到一个参议员的羞辱。那位参议员说："林肯先生，在你开始演讲之前，我希望你记住你是一个鞋匠的儿子。"面对这样的嘲讽，林肯显示出了一个总统的非凡气质，他不亢不卑地说："是的，我非常感谢你使我想起我的父亲，他已经去世了，我一定会永远记住你的忠告，我知道我做总统无法像我父亲做鞋匠那样做得好。"

这样的一句话顿时让参议院平静下来，随后，林肯转头对那个傲慢的参议员说："据我所知，我的父亲以前也为你的家人做过鞋子。如果你的鞋子不合脚，我可以帮你修好它。虽然我不是伟大的鞋匠，但我从小就跟随父亲学到了做鞋子的技术。"然后，他又对所有的参议员说："对参议院的任何人都一样，如果你们穿的那双鞋是我父亲做的，而它们需要修理或改善，我一定尽可能帮忙。但是有一件事是可以肯定的，我无法像他那么伟大，他的手艺是无人能比的。"想到了他的父亲，说到这里，林肯流下了眼泪，在场的所有人看到这样的情境，无不为之动容，就连嘲笑者也同大家一样，对此报以真诚的掌声和赞誉声。

也许是对于这份嘲笑的不屑，也许是对于真诚的尊重，当然更多的是对林肯真知灼见的敬佩，使大家推选林肯为美国总统。作为一个出身卑微的人，林肯没有任何贵族社会的硬件。他唯一可以倚仗的只是自己出类拔萃的才华，这正是一个高尚的人所表现出来的素质。当面对别人的嘲笑和挑衅时，两位聪明的总统没有觉得自卑，也没有因此而感到无地自容。他们坦然地面对出身，真诚地热爱自己平凡而普通的父母，并表示出要竭尽全力地用对社会的奉献和成就来报答父母的恩情，他们聪明的回答赢得了大家的尊重。

一个人生活在这个世界上，很多时候，由于各种原因遭受别人的讥笑嘲讽，都是难免的。所以，在这个时候，女人不要去抱怨，去怨恨，而是要学会去容忍这些讥笑，因为这些讥笑和嘲讽，往往会使你在成功路上走得更快。

女人要有勇气忍受嘲笑

英国哲学家杰克兰·罗素说："对付贫穷要有勇气，忍受嘲笑要有勇气，正视自己营垒里的敌对者也要有勇气。"但丁也曾说过："走自己的路，让别人去说吧。"当自己所做的事没有办法被人认可，而受到他人嘲笑时，只要你自己认为是正确的，是值得你为之努力的，并忍受他人的嘲笑的话，那么，就坚持自己所应该做的，在这个时候你需要相信自己，需要一种勇气。

在人生的旅途中，我们会有各种各样的遭遇，在这当中，可能有嘲笑，也可能有蔑视，许多时候，面对这些，我们需要一种勇气来面对。

有位修行很深的禅师叫白隐，无论别人怎样评价他，他都会淡淡地说一句："就是这样吗？"

在白隐禅师所住的寺庙旁，有一对夫妇开了一家食品店，他们家里有一个漂亮的女儿。一日，夫妇俩发现尚未出嫁的女儿竟然怀孕了。这种见不得人的事，使得她的父母震怒万分！在父母的一再逼问下，她终于吞吞吐吐地说出"白隐"两字。

她的父母怒不可遏地去找白隐理论，但这位大师不置可否，只若无其事地答道："就是这样吗？"孩子生下来后，就被送给了白隐，此时，他的名誉虽已扫地，但他并不在意，而是非常细心地照顾着孩子。他向邻居乞求婴儿所需的奶水和其他用品，虽不免横遭白眼，或是冷嘲热讽，他总是处之泰然，仿佛他是受托抚养别人的孩子一样。

事隔一年后，这位没有结婚的妈妈，终于不忍心再欺瞒下去了。她老老实实地向父母吐露了真情：孩子的生父是住在附近的一位青年。女子的父母立即将她带到白隐那里，向他道歉，请求原谅。

白隐仍然是淡然如水，他只是在交回孩子的时候，轻声说道："就是这样吗?"仿佛不曾发生过什么事；即使有，也只像微风吹过耳畔，霎时即逝！

白隐为给邻居女儿生存的机会和空间，代人受过，牺牲了为自己洗刷清白的机会。在嘲笑面前，他坚持了自己的想法，抚养孩子，而没有太多在意他人的看法。在受到人们的冷嘲热讽时，他始终处之泰然，只有平平淡淡的一句话——"就是这样吗?"雍容大度的白隐禅师令人赞赏景仰。

在面对羞辱、误解、嘲讽的时候，沉默本身就是一种宽容，一种勇气，也是对嘲笑的最好应对方式。只是对于一个世俗人来说，这种宽容会让自己很不好受，是一种疼痛的过程。但对于悟道的人来说，这种宽容是一种快乐，因为它能够感化犯错的人，让他们从内心里反省自己的错误，这是一种无声之教。面对这样的沉默，所有语言的力量都是微不足道的。

人生最难以忍受的是什么？也许有人会说是贫穷困苦、饥寒交迫，但实际上呢？人生最难以忍受的是：嘲笑和蔑视！环视芸芸众生，能做到遭误解、嘲讽，不仅不辩解、不报复，反而默默承受，甘心为此奉献付出、受苦受难，这样的人又有几个呢？

生活中，当一个人走在被嘲笑和蔑视的人生低谷时，他的自尊心会面临着挑战，到底是依然坚持自己所坚持的，走自己的路，还是真如别人所说，放弃自己的想法，顺应别人的嘲笑呢？真正的强者会选择第一条路——走自己的路，用自己的成功来证明当初嘲笑你的人的愚笨，用你的成功来证明你的坚持是正确的，这样的人才可以在别人的嘲笑中不断磨砺和锻炼自己，才会让自己逐渐成熟，才会让别人的嘲笑成为你奋斗的动力。

在一个偏远的县城，有一个来自山里的孩子。这一天正在举行秋季运动会，在运动赛场上，临近比赛时选手们陆续到场，其中一个高个子男孩，不知怎的，居然穿了两只不同的袜子，一只红色的袜子和一只白色的袜子极为可笑地拢在他细长的小腿上，又滑稽又笨拙。因为紧张，他并没有注意到别人在嘲笑他，比赛的结果是那位男同学夺得冠军，他快速变动的两只袜子在腾空跃起时，在空中画了两条优美的弧线，落到了沙坑最远的地方。一时间，那两只不同颜色的袜子仿佛成了胜利的旗帜、成功者最具个性的标志，极为生动而独特。

男孩是好样的。或许是由于那个男孩没有感觉到别人的嘲笑，他才可以坦然地面对，才可以成为冠军，但更多的应该是他有勇气忍受别人的嘲笑。如果你可以战胜别人的嘲笑，用自己的成功去面对他们的嘲笑的话，那嘲笑就可以迅速为敬佩、惊讶所取代。用自己的做法向他人证实他们的嘲笑是错误的，坚持着自己的做法，不要因为他人的嘲笑，就轻易改变自己的做法、自己的想法。一个没有办法坚守自己的观点、做法，在别人的议论声中不断改变自我的人，怎么可能安下心来做一件事呢？最终只会成为一个朝三暮四的人，碌碌无为地终其一生。

我们知道，社会上还是穷人多，而像这个男孩的经历一定也不在少数。因为身份地位的不同，同一件事情就会得到不一样的结果，也许一个人这样做会被人嘲笑，而另一个人做同样的事则可能为世人所景仰。比如一个收入不高的人把盘子里的菜吃得干干净净，就会被嘲笑为寒酸，而一个富翁这样做，却被认为是简朴的美德；一个普通人走错了家门，人们笑他智商低下，而同样的错误出在某个科学家身上，则成了专注的标志；名不见经传的男人如果放着家里的又去追逐新的爱情，是道德问题和作风问题，在那些名人那里却是活力与魅力的最好解释……也许在这样的例子推动下，你就可以不会因为他人的嘲笑而抬不起头来，如果你无法忍受他人的嘲笑，而与他人争执起来，让自己处于生气之中的话，那到最后别人的嘲笑也不会减少，而你又增加了一些生气，何苦呢？人生短短，为何要让自己因为别人的嘲笑而影响心情？这只是懦者的做法。勇敢的人会坦然地面对他人的嘲笑，而在以后的生活里不断地努力，让自己有所成功，用自己的成功让当初嘲笑你的人目瞪口呆。

人生活在这个世界上，不能够决定自己的出身，或许你就是处于弱势，而由于你的身份，受到别人的嘲笑，很多时候这些我们是不能逃避的。所以，女人也应该明白，在嘲笑面前，要有勇气去面对，而不是抱怨自己的出身或是条件不好。同时，在忍受指责、抱怨和嘲笑的时候，还要日复一日、年复一年地不断努力，只要你要坚信自己，就会在别人的嘲笑、在大风大雨里成就你的辉煌，成为一个高尚的人。

面对羞辱，女人要忍住怨气

中国有句老话："人在屋檐下，岂能不低头。"忍一忍，饶一饶，忍字就比饶字高。忍字头上一把刀，遇事不忍把祸招；若能忍住心头恨，事后方知忍字高。要知道这时的"忍"不是怯懦，而是忍耐的表现；这时的妥协也不是失败，而是成功的积蓄。从这个角度来讲，顽强执着是一种人生智慧，而忍让妥协则是另外一种智慧。所以，面对强势的羞辱时，有时需要保全自己，这就要学会忍住怨气，等待日后的腾起。

清朝的建立者努尔哈赤出身建州女真的贵族家庭。他的祖父觉昌安和父亲塔克世都是建州女真的贵族，被明朝封为建州左卫的官员。那时建州女真有好几个部落，彼此攻击，仇杀不已。明朝的辽东总兵李成梁就利用建州各部的矛盾来加强统治。建州女真部有个土伦城的城主尼堪外兰，对李成梁毕恭毕敬，不时上贡，借明朝边官之力称霸满洲。

一次，尼堪外兰带引明军攻打古勒寨城主阿台。阿台的妻子是觉昌安的孙女。觉昌安得知此事，带着儿子塔克世到古勒寨去探望孙女。正碰上明军攻打古勒寨，觉昌安和塔克世在混战中都被明军杀害。噩耗传来，年方25岁的努尔哈赤本想起兵为祖父和父亲报仇，但势孤力单，根本不可能与拥兵百万的大明皇帝交锋。于是，他只好把仇恨集中到尼堪外兰身上，向明朝官吏请求把尼堪外兰交给他。这一请求惹恼了骄横跋扈的明朝边将，被视为无理取闹，一口拒绝，只肯把他祖父和父亲的遗体还给他，却不肯交出尼堪外兰，反而令尼堪外兰为"满洲国主"。

尼堪外兰也因为依靠明军，势力大增，更加志得意满，不可一世。不少女真部落都归附于他，他竟趁势逼迫努尔哈赤也来归附自己，俨然以建州国君自居。面对这种屈辱，努尔哈赤并没有让仇恨冲昏头脑。他从小就在抚顺的互市上接触了很多汉人，学会了汉文，特别喜欢读《三国演义》、《水浒传》这一类小说。对其中的谋略十分欣赏，用心学习。心机深密的他开始对自己的现状作了一番冷静的分析。他深知现在力量弱小，绝对不能和明军发生对抗。此时朝廷念他的祖父、父亲无辜而死，就让他子承父业，做了建州卫都督佥事，他就先对付尼堪外兰，用祖父留给他的十三副铠甲起兵，把尼堪外兰打得狼狈不堪，大败而逃，明军怕因此引起更大战争，让他杀了尼堪外兰。

灭掉尼堪外兰后，努尔哈赤又把目光转向分裂的女真各部。他知道，只有女真各部族团结起来，形成一股统一的力量，才有可能对抗明朝军队。所以，他先致力于统一女真部族，对于朝廷，则采取谦恭的态度，贡赋不止，对于明朝边将的骄横无礼，也都一一忍耐了下来。他的声势越来越大，过了几年，就统一了建州女真，引起女真族其他部的恐慌。

当时的女真族共有三部，除了建州女真之外，还有海西女真和“野人”女真。海西女真中的叶赫部势力最强。看到努尔哈赤力量壮大，感到恐慌，就联合了女真、蒙古九个部落，结成联盟，合兵三万，分三路进攻努尔哈赤。努尔哈赤不慌不忙，沉着应战。他以少胜多，把这支联军打得大败。叶赫部不得不派人求和，提出将本部的公主嫁给努尔哈赤为妻。努尔哈赤答应退兵，并就此下了聘礼，向上天滴血盟誓。但是，不久叶赫部就违反了盟约，把公主另许他人，还把已经归顺了努尔哈赤的哈达部拉拢了过来。努尔哈赤当即发兵讨伐哈达部，将之打得大败。但一向对女真持分而治之政策的朝廷却对努尔哈赤施压，努尔哈赤只好暂时退兵。

后来，叶赫部将许配给努尔哈赤的公主嫁到蒙古，努尔哈赤发兵来报夺妻之恨。朝廷见形势危急，便多方调兵，并出面进行调解。努尔哈赤为形势所迫只好暂时息兵。努尔哈赤越来越清楚地看到，统一女真各部，已经并不只是征讨叶赫部的问题，而是如何对待朝廷的问题。只要他一出兵攻打叶赫部，就不免要长驱深入到明朝的境内，一定会引起朝廷的干涉。他虽然经过几年征战，实力大大增强，但还没有到能和朝廷分庭抗礼的程度。于是，他不得不暂时放弃攻取叶赫部的计划，先尽力处理和朝廷的关系。当时，朝廷曾逼迫努尔哈赤退出建州女真部已垦种的地方，不许他们收获那里的庄稼，还违反双方划定的范围，说建州女真部越境杀人，强令努尔哈赤交出十人抵命。对于种种无理的行为，努尔哈赤都忍了下来。为了麻痹明朝，他继续向明朝朝贡称臣，朝廷认为努尔哈赤态度恭顺，又封他为龙虎将军。他还多次到北京亲自察看明朝政府的虚实。

后来，叶赫部又在朝廷的支持下进攻努尔哈赤，努尔哈赤给予回击，大败叶赫部。此时他已经基本上完成了对女真各部的统一，将之编为八个旗，加强了战斗力，力量今非昔比。于是，努尔哈赤就召集八旗首领和将士誓师，宣布跟明朝有七件事结下了冤仇，叫作“七大恨”。第一条就是明朝无故挑衅，害死了他的祖父和父亲。为了报仇雪恨，他决定起兵征伐明朝。不久就攻下重镇抚顺，接着取得了萨尔浒之战的胜利。经此一战，明朝军队元气大伤，不得不对努尔哈赤采取守势。努尔哈赤借机继续扩大实力，为以后清军入关、统一全国奠定了基础。

面对其他部落以及明朝的羞辱和侮辱，努尔哈赤忍住了怨气。不难看出，他当年对朝廷的屈服，只不过是采用了卧倒的守势，积蓄力量，以图再起。事实证明，当处在劣势时，面对侮辱能忍辱负重，他的这一策略是十分有效的。

生活在现实的社会里，女人受到羞辱的事情并不少见。很多时候，当遇到别人的侮辱时，女人多数会抱怨甚至怨恨，因而选择过激的行为来面对。其实，正确的做法就是忍住怨气，理智地去解决这些事，只有这样才会有有效的结果。

第五章

不因境遇不佳而抱怨，就会赢得他人帮助
——乐观的女人不抱怨

人生在世，不如意十之八九。的确，逆境是人生常态，人的一生不可能一直是顺境，也不可能一直是逆境。所以，当你面对人生逆境的时候，一定要学会乐观地去面对。一个乐观的女人要有塞翁失马焉知非福的好心态，遇到不如意的事，不要去抱怨，而要往好处想，要学会微笑面对。如果能够做到这样，当你走出逆境时，你会发现，逆境中的磨难会让你得到更多。

女人要学会乐观面对逆境

人的一生不会总是一帆风顺的，经常会有起有伏，更会遇到挫折、烦恼、忧虑等诸多不顺和逆境。乐观会给生命注入一分活力与生气，使人从痛苦、贫困、难堪的逆境中超脱出来，乐观是生命保鲜的最佳良药。人生的成败常在于一念之间，只有乐观面对人生中的逆境，才能带来积极的结果。

成功的人总是看到绿灯，失败的人总是看到红灯。现实中，一个人所具有的心态，常常决定着他跳起的高度。人生是一场搏斗，每个人都必须亲自上场，迎接命运的挑战，你放弃自己竞赛的资格，只能接受落伍淘汰的结局。可以说，心态决定人生的品位和成就。

在逆境中，很多时候，苦中作乐并不是自我麻痹，更不是消极退却。一个人是可以既征服着困难，又生活得很快乐的。有人曾经问过一些饱受磨难的人是否感到很痛苦和悲伤，有的人答道："不是的，甚至今天我还会因回忆它而快乐。"为什么呢？这是因为他从心理上战胜了磨难，他从逆境中得到了生活的启示，他为此而快乐。

1929 年的一天，乔·吉拉德出生在美国一个贫民窟。从懂事时起，他就开始擦皮鞋、做报童，后来干过洗碗工、送货员、电炉装配工和住宅建筑承包商等。乔·吉拉德 35 岁以前，只能算一个全盘的失败者，他患有严重的口吃，换过 40 多个工作仍然一事无成。不过，他并没有气馁，后来他选择步入推销生涯。

他只要碰到一个人，就马上会把名片递过去，不管是在街上还是在商店。他认为生意的机会遍布每一个细节。他还认为，推销的要点不是推销产品，而是推销自己。他说："如果你给别人名片的时候，认为这是很愚蠢很尴尬的事，那怎么能给出去呢？恰恰相反，那些举动显得很愚蠢的人，正是那些成功和有钱的人。”

乔·吉拉德经历过许多失败，在一次次惨败后，朋友都弃他而去。但乔·吉拉德说：“没有关系，笑到最后才算笑得最好。”

没想到，这样一个不被看好，而且背了一身债务几乎走投无路的人，竟然能够在短短的3年内被吉尼斯世界纪录称为“世界上最伟大的推销员”。他至今还保持着销售昂贵商品的空前纪录——平均每天卖6辆汽车！他一直被欧美商界称为“能向任何人推销出任何产品”的传奇人物。

人生可以虚拟，美丽可以虚拟，抱着积极乐观态度对待生活，生活也会让生命的价值最大限度地彰显，无论何时何地，不要放弃希望。

“二战”期间，在纳粹集中营里曾有这样的一个场景：一个善良憨厚、生性乐观的犹太青年，被抓进了惨无人道的纳粹集中营里。他有一个3岁的儿子，他很爱儿子，为了不让孩子幼小的心灵蒙上悲剧的阴影，他小心翼翼地哄骗儿子说：“孩子，我们现在来玩一个游戏，一个真刀真枪的游戏。”

儿子兴奋地问：“什么游戏啊？”

爸爸说：“谁的生命承受力强，谁就能得分，积分到了1000分，就可以得到一辆真正的坦克。”儿子跃跃欲试。集中营每天都有犹太人被拉出去处决，每当儿子看到这些，爸爸就故作轻松地说：“他们积分不够，被淘汰了，我们领先了，一定要坚持下来。”在漫长的朝不保夕的煎熬中，父亲陪着儿子玩啊闹啊，好像真的是一场游戏。

随着时间的推移，战局发生了重大转变。父亲意识到战争即将结束，而自己也将不能存活了。于是，在这一天的游戏中，他算准了哨兵换岗的时间，找个空隙把儿子藏在一个垃圾桶里，然后告诫孩子：“等一会儿不管看到什么，都不要出声。我们的积分已达到了900分，过了这一关，你就可以拥有一辆真正的坦克了！”

儿子兴高采烈地答应了，父亲被押解着走向死亡，经过垃圾桶时，他向垃圾桶做着俏皮的鬼脸儿……过了好长时间，儿子听到轰隆隆的声音，他掀开垃圾桶盖，看到许多辆坦克开过来，他高兴地又叫又跳："有坦克了！我有坦克了！"盟军的坦克救走了这个孩子，可他的父亲已被杀害了。

电影最后，画外音传来已经长大的儿子的旁白："我是多么幸福的人啊！因为我有一个伟大的父亲。在黑暗的岁月里，是他让我的心灵没有留下阴影，让我觉得人生永远是美丽的。"

这位父亲的伟大爱心足以感动全人类，他用自己的生命为儿子撑起了一把保护伞，挡住了邪恶和黑暗，在巨大的悲剧中，他不仅保全了儿子的生命，还给儿子留下了一颗充满灿烂阳光的心和乐观面对逆境的心态。

马丁·路德金说得好："我们不可能制止飞鸟在我们头上飞过，但我们却可以制止它在我们头上筑巢。"悲观者说："蔷薇有刺。"而乐观者则说："刺里有蔷薇。"一个小小的语序之差，道出了忧愁和快乐的本质所在。在日常生活中，你常常会因为许多事情而引起无限感触。你常常白天一言不发地皱眉凝思，晚上莫名其妙地泪水洗面。直到有一天皱纹悄悄爬上眼角，你才顿然领悟到：自己过去之所以从未快乐过，关键在于总把逝去的一切看得比实际情况更好；总把眼前发生的一切看得比事实更糟，总把未来的前景描绘得过分乐观。如此形成了恶性循环，于是便钻入"庸人自扰"的怪圈里了。动力，使自己过上丰富多彩的生活。

一位年逾七旬的诗人，他告诉朋友，这一生他有很多年轻貌美的异性朋友，她们都是些活泼天真可爱的姑娘。在他保留的相册中，可以看到一张张青春无邪的微笑，就像置身在大自然的鲜花绿草之中。

"在逆境中，是她们告慰了我这颗行将衰老和绝望的灵魂。"老诗人鹤发童颜，目光中闪着睿智的光。"我对她们的迷恋是一种圣徒对自然天性的崇拜，是对虚伪人生的逃避，是对衰老与死亡的抗拒。”

女人要学会乐观面对人生中的逆境。因为人生在世，不可能一帆风顺，也不会常晴无雨。人生是一个圆，生命有始有终，从拥有生命的那一刻起，我们就应该学会把握住自己。在人生的道路上，如果你用乐观的态度对待一切，一切也会给你同样的回报。

女人要坦然面对生活中的一切

星云大师曾说：“既然酸甜皆人生，不妨心往好处想遇事多往好处想，天空就会变晴朗，就会生出许多快乐，有个好心情。”

人生在世，短短数十载，然而，却要经历各种好事、坏事，尝遍酸甜苦辣各种滋味。我们知道，每个人的一生都不可能一路顺风，总会有身处逆境的时候，而此时最重要的就是你能否坦然面对这些，能否激发自己，从困境中站立起来，然后挑起人生的大梁。在许多成功的人的身上，我们发现，他们的成功就是在坦然接受不能改变的事实，而在能够改变的事情上全力而为。

生活是美好而沉重的。人生，是有苦又有乐的，是丰富多彩又艰难曲折的，就像白天与黑夜的互相交替一般。快乐时“春风得意马蹄疾，一日看尽长安花”，快乐的人连路边的鸟儿都在为他歌唱，花儿都似专为他开放。痛苦时，落日西风，万念俱灰，睡梦中也在滴泪。

人总是避苦求乐的，都希望快乐度过每一天，但生活本身就充满酸甜苦辣，快乐和痛苦本是同根生。当你快乐时，不妨留一片空间，以接纳苦难；当你痛苦，不妨想到往昔的快乐。

美国著名的小说家塔金顿常说：“我可以忍受一切变故，除了失明，我绝不能忍受失明。”然而，生活总是会在不经意间给人类开一个玩笑，在他60岁的一天，当他看着地毯时，却发现地毯的颜色渐渐模糊，他看不出图案。于是，他感觉有些不对劲，随后被紧急送到医院，经过诊断得知了：他即将失明。有一只眼差不多全瞎了，另一只也接近失明。他最恐惧的事终于发生了。

也许，对于一般人而言，面对这样的残酷事实，内心一定是非常痛苦，或许还会在心里深深地抱怨上天，抱怨命运。那么，塔金顿对这最大的灾难如何反应呢？你是否觉得他会认为“完了，我的人生完了”？然而，他的表现和态度一定会让你出乎意料。在得知这个不幸的消息的时候，他不但没有悲伤和抱怨，相反他竟然还很愉快，甚至他在那一刻还不忘发挥他的幽默感。由于双眼都受到了影响，他的眼睛里有很多的斑点。这些浮游的斑点阻挡他的视线，当大斑点晃过他的视野时，他会风趣地说：“又是这个大家伙，不知道它今早要到哪儿去！”后来，完全失明后，塔金顿仍然很坦然地说：“我现在已接受了这个事实，也可以面对任何状况。”

再后来的治疗时间里，他经受了很多的痛苦。为了恢复视力，塔金顿在一年内得接受12次以上的手术，而且只是采取局部麻醉。他了解到这是必需的，无可逃避的时候，而他唯一能做的就是坦然地接受这些事实。于是，他不仅自己没有悲伤抱怨，而且还想用自己的实际行动来鼓励那些和他有着相同遭遇的人。他放弃了私人病房，而和大家一起住在大众病房，想办法让大家高兴一点。当他必须再次接受手术时，他提醒自己是何等幸运：“多奇妙啊，科学已进步到连人眼如此精细的器官都能动手术了。”

在现实生活中，面对巨大的苦难和难以改变的逆境，很多人都可能不能坦然面对。然而事实就是事实，抱怨也无济于事。在这些逆境面前，只要你时刻有着一个乐观的心态，你就可以接受一切。像本以为自己绝不能忍受失明的塔金顿一样，这个时候他却说：“我不愿用快乐的经验来替换这次的体会。”他因此学会了接受，并相信人生没有任何事会超过他的容忍力。如塔金顿所说的，这次的逆境让他明白：“失明并不悲惨，无力容忍失明才是真正悲惨的。”

成功学大师卡耐基说：“有一次我拒不接受我遇到的一种不可改变的情况。我像个蠢蛋，不断做无谓的反抗，结果带来无眠的夜晚，它把我整得很惨。终于，经过一年的自我折磨，我不得不接受我无法改变的事实。”面对不可避免的事实，有时甚至是难以自拔的逆境，女人也应该学着做到诗人惠特曼所说的那样：“让我们学着像树木一样顺其自然，面对黑夜、风暴、饥饿、意外等逆境。”

坦然面对一切，才能帮我们冲破环境的黑暗，打开光明的出路，才能获得更多更大的人生乐趣。在困顿、苦难等逆境面前，一味哭丧着脸，一味抱怨，除了磨掉自己的锐气外，是不会赚到任何同情的眼泪的。只有颤抖于寒冷中的人，才最能感受到太阳的温暖；也只有从痛苦的逆境中摆脱出来，才会深深感觉到这个世界的美好。就像火车过隧道，即使在黑暗中，也要看到前方的光明。

每个人来到这个世界上，人生的道路虽然不同，但命运对每个人都是公平的。所以，当你境遇不佳时，一定要学会坦然，乐观地去接受，这样，你才会早日走出逆境。

一个因病入膏肓，仅剩数周生命的妇人，整天思考死亡的恐怖，心情坏到了极点。哈佛大学的蓝姆·迭斯教授去安慰她说：“你是不是可以不要花那么多时间去想死，而把这些时间用来考虑如何快乐度过剩下的时间呢?”

他刚对妇人说时，妇人显得十分恼火，但当她看出蓝姆·达斯眼中的真诚时，便感受着他话中的诚意。她沉思了一会，略显高兴地说：“说得对，我一直都在想着怎么死，完全忘了该怎么活了，我想我知道应该怎么做了。”

在后来的治疗的时间里，她坦然接受了这一切，开始做一些她力所能及的事。她的心情也有所好转。然而，她的病情还在不断地恶化。一个星期之后的一天，她的病情又一次突发，虽然经过全力抢救，但是还是没有能够挽回她的生命。最终，那妇人还是去世了，然而，她在死前充满感激地对蓝姆·达斯说："这一个星期，我活得比前一阵子幸福多了。"

"苦乐无二境，迷悟非两心"，妇人学会了坦然接受着一切，所以便能离开人世前仍能感到一丝幸福，安然地合上双眼，相信她死后能进入天堂；如果她仍像以前一样，一味想死，那只能是痛苦地离开人世。

女人生活在这个社会中，要明白，人生逆境是难免的，也是每个人要面对的。但是，只要能够坦然乐观地面对这一切，不论何时何事，只要仍在人间，天堂和地狱就在你心中。懂得了这些，你就是一个乐观的女人，一个什么时候都能够快乐的女人。

在逆境面前，女人要勇于进取

培根说过："好的运气令人羡慕，而战胜厄运则更令人惊叹。"行走在人生旅途中，每个人不可能是风平浪静、一路平坦的，如果真的有这样的人，那么他也并不快乐，因为他失去了做人的真正意义。

在逆境面前，有的人不屈服、不后退、不动摇，顽强地同命运抗争，因而在重重困难中打开一条通向胜利的路，成了征服困难的英雄，掌握自己命运的主人。而有的人在生活的失意和打击面前，垂头丧气，自暴自弃，丧失了继续前进的勇气和信心，于是成了庸人和懦夫。由于在我们的生活中会遇到许多的坎坷和困难，所以我们需要勇敢去进取去面对，若不去正视与克服，这些关隘就会彻底地堵塞通往成功的大路，而克服这些困难就需要我们具备这种知难而进的精神，如果具备了这样的精神，那么我们通向成功的必经之路也就为我们打开了。

在古希腊神话中，有一个西西弗斯的故事。西西弗斯因为在天庭犯了法，被天神惩罚，降到人世间来受苦。对他的惩罚是：要推一堆石头上山。每天，西西弗斯都费了很大的劲把那块石头推到山顶，然后回家休息，可是，在他休息时，石头又会自动地滚下来，于是，西西弗斯又要把那块石头往山上推。这样，西西弗斯所面临的是：永无止境的失败。天神要惩罚西西弗斯的，也就是要折磨他的心灵，使他在“永无止境的失败”命运中，受苦受难。

可是，西西弗斯非常乐观，他从不肯认命。每次，在他推石头上山时，天神都打击他，用失败去折磨他。西西弗斯不肯在成功和失败的圈套中被困住，他在面对绝对注定的失败时，表现出明知失败也绝不屈服的抗争意志。天神因为无法再惩罚西西弗斯，就放他回了天庭。

西西弗斯的命运可以解释我们一生中所遭遇的许多事情，其中最关键的是：生活中的困难都是有“奴性”的，如果我们凭自己的努力战胜了它，我们便是它的主人，否则我们将永远是它的奴隶。所以，当你处在逆境当中的时候，一定要乐观面对，并勇于改变，只有这样，你才不会永远沉于逆境当中。

当然，生活中，谁都希望自己处在顺境当中，而不愿有很多的逆境来阻拦自己。然而，顺境固然好，它可以让你毫不费力地到达自己理想的彼岸，但如果一个人处于逆境之中怎么办？其实，只有秉着信念之灯继续前行，只有在逆境面前，勇于进取，我们才能真正到达阳光地带，才能到达我们的目的地。

身处逆境的人都曾有过这样的经历：事业失败、家庭崩溃、亲人去世、朋友分道扬镳……为此，你流泪了、失望了、颓唐了，觉得整个世界都成了你的敌人。可是，面对逆境，有人擦干泪水和鲜血后爬了起来，坚定地继续向前走，而有的人却葬身其中，永不瞑目。其实，谁都有失意的时候，不同的是勇敢的人向它发起了挑战，所以，他们也就有了获得胜利的机会。事实证明他们这么做确实成功了。

当一名记者问美国前总统威尔逊是否理解什么是贫穷时，这位总统向记者讲述了一段他自己的故事："我10岁时就离开了家，当了11年的学徒工。每年接受一个月的学校教育。在经过11年的艰辛工作之后，我得到了1头牛和6只绵羊作为报酬。总价值84美元。21年来，我从来没有在娱乐上花过1美元，每分钱都是经过精心算计的。我完全知道拖着疲惫的脚步在漫无尽头的盘山路上行走是什么样的痛苦感觉，我不得不请求我的同伴们丢下我先走……在我21岁生日之后的第一个月，我带着一队人马进入了人迹罕至的大森林，去采伐那里的大原木。每天，我都是在天际的第一缕曙光出现之前起床，披星戴月地回家。在一个月夜以继日的辛劳努力之后，我获得了6美元作为报酬，当时在我看来，这可真是一个大数目啊！每个美元在我眼里都跟今天晚上那又大又圆、银光四溢的月亮一样。"

上天是公平的，成功也是公平的，没有人的一生是平安、幸福的，也没有人的一生是挫折、贫穷的。就在这样的穷途困境中，威尔逊下决心，不让任何一个可以改变这种境遇的机会溜走。他像抓住黄金一样紧紧地抓住了零星的时间，不让一分一秒被毫无意义地浪费掉，在他21岁之前，他已经设法读了1000本好书——想想看，对一个农场里的孩子，这是多么艰巨的任务啊！面对逆境，威尔逊没有失望，没有放弃，最后，他成功了。可以说，对待逆境的态度，从某种意义上来说是观察一个人是否能够成功的标志之一。

方琼是中央电视台节目主持人，很多观众都喜欢她轻松亲切自然的主持风格，在观众眼中的她始终是欢乐的。可是很多人可能都不知道，方琼在十几岁的时候就失去了父亲。她的妈妈只是一个普通女工。却要供养她和姐姐两个孩子，那段日子，她们生活得非常艰苦。方琼说，现在看来，那些曾经的困难和磨炼，成了她人生的宝贵财富。十足的亲和力、机敏的反应力、流畅的语言表达能力，这些优秀主持人应具备的素质无一不是从丰富的人生阅历中提炼和升华出来的。

人生一世，谁没有起起落落的时候呢？纵然有成功的企业家，也有曾经为自己的公司不景气而黯然神伤的时候。越是在逆境中就越该打起精神来面对，越是要努力进取。

生活中，人们对于那些冲破困难和阻力、坚持到底的人，怀有深深的景仰之情，也将他们当作自己的偶像和奋斗的榜样。在我们的成长过程中，常常会面临着成功、失败、就业、创业、晋升等问题，但是不管怎么样，我们都需要拿出勇气，不怕困难，知难而进，勇于迎接困难的挑战，只有这样我们才会得到成功的光顾。

人生中的逆境和苦难并不可能一下子从我们的生活中消失，它们只可能一点点地随着时间的流逝变小再变小，直到有一天不再影响我们的生活。在这个过程当中，拥有一个乐观的心态相当重要，乐观的心态总会引领着处在逆境中的人们逐渐走向光明。生活在天地之间，女人也要明白，在逆境中要勇于进取。当身处逆境时，要乐观面对，把逆境当成山间的风暴，只有顶着它，继续向山顶攀登，努力进取，才能有生存下来的希望。

面对逆境，再苦也要笑一笑

古语说，“自古英雄多磨难，从来纨绔少伟男”。伟大而高贵的人物，最明显的标志就是他乐观的心态。不管境况变化到何种地步，他的初衷与希望，仍不会有丝毫的改变，从而终将克服障碍，达到所企望的目标。

人生路上，有顺境，但更多的是逆境。对某些人来说，逆境是学校，厄运是老师。逆境能激发一个人的斗志，把蕴藏的潜力尽情地释放，把逆境转变成一个人奋发进取的舞台。但厄运并非总是财富，并非每一个身处逆境的人都能把苦难作为通向成功的垫脚石。正如巴尔扎克所说："世界上的事情永远没有绝对的，结果完全因人而异。"但是不管怎样，日子再苦也要笑一笑。

洪战辉是河南省周口市东下镇洪庄村人，12岁那年他小学毕业时，家庭生活发生了改变，患有间歇性精神病的父亲从外面带回了一个弃婴。

家里太穷，负担不起哺育女婴的花费，母亲让洪战辉把女婴送人。洪战辉不忍心，就把女婴留下了，并给她起名为洪趁趁，小名"小不点"。由于父亲患病，家庭的重担全部压在了目不识丁的母亲身上，她还经常遭受父亲无缘无故的毒打。1995年秋天的一天，母亲忍受不了家庭的重担、丈夫的拳头，选择了逃离。妈妈走了，父亲是病人，刚刚满1岁的"小不点"怎样才能带大。但洪战辉告诉自己：既然一切已无法改变，那就承担吧。

那时候家里太穷，为了买奶粉养妹妹，洪战辉从小学时就做起了小贩，在附近的集市上，冬天卖鸡蛋，夏天卖冰棍。实在没钱的时候，有时就带着妹妹到有小孩的人家借口奶吃。他还想着给"小不点"补充营养，最多的时候，是上树掏鸟蛋给妹妹做鸟蛋汤，为此，他不止一次从树上摔下来。

从高中起，他就带着妹妹上学，他利用假期打工所挣的钱交了学费，还在校园里利用课余时间卖起了书。然而，就在他进入高二时，父亲的病情恶化了，必须住院治疗。于是，洪战辉只得休学挣钱为父亲治病。

怀着不屈的信念，经过不懈的拼搏，2003年7月，洪战辉考取了湖南怀化学院。课余时间里，洪战辉在校园坐卖过电话卡，为怀化电视台《经济E时代》栏目组拉过广告，还给一家电疗经销商做销售代理。目的就是想挣钱带着失学在家的妹妹一起来上学。

他携妹求学12载的故事，经多家媒体报道后，已成为社会关注的焦点，不断有人表示愿意捐款，以帮助他抚养妹妹。令人意想不到的是，后来，洪战辉在某媒体上发表公开信，在这封信里，洪战辉在向关心他与妹妹的人表示感谢的同时，明确提出他可以养活自己和妹妹，不需要任何社会捐款。“因为我觉得一个人自立、自强才是最重要的。苦难和痛苦的经历并不是我接受一切捐助的资本。我现在已经具备生存和发展的能力！这个社会上还有很多处于艰难中而又无力挣扎的人们！他们才是需要帮助的！”

面对再大的苦难，洪战辉自始至终乐观面对，微笑面对逆境，不放弃追求，不屈服于现实。虽然饱受着肉体上的折磨，但他很大程度上保持了心灵的平静，这正是一个自尊、自重、自强、自爱的人面对逆境的人生态度。

逆境中能够保持镇静，是常人很难达到的一种人生境界。直面逆境，不怨天尤人，不牢骚满腹，将苦难逆境看作生命中的一种磨砺，无疑需要很大的勇气。一旦我们超越了苦难，战胜了苦难，我们所获取的必定是面对生活重新微笑的机会。

美国著名的残疾运动员麦吉的不幸一个接着一个，在苦涩的生活面前，他却凭着惊人的意志力，赢得了一个个的荣耀，用笑容来抵制磨难。

麦吉从著名的耶鲁大学戏剧学院毕业时只有22岁，当时他风华正茂，意气风发，正是一展才华的大好时机。然而命运却与他开了一个不小的玩笑。那年10月的一天晚上，一辆18吨重的车从第五大道第34街驶出来时把他撞晕在地，当他醒来时发现自己身在加护病房，左小腿已经切去。

年少的麦吉没有放弃希望，出院后，麦吉开始练习跑步，拉开了其后8年把自己锻炼成全世界最优秀的独腿人的序幕。麦吉为自己的理想而不懈地努力着，不久他便去参加10千米赛跑，并把参加这种赛事作为自己的锻炼机会。随后他又参加纽约马拉松赛和波士顿马拉松赛，成绩打破了伤残人士组纪录，他终于成为全世界跑得最快的独腿长跑运动员。

麦吉笑了，这是一个莫大的荣耀，但是他并没有就此停步，他开始进军三项全能。那是一项极其艰难的运动，这对只有一条腿的麦吉来说，无疑是一个巨大的挑战。

就在麦吉的生活有所好转的时候，一次不幸又降临在他身上。1993年6月的一天下午，麦吉在南加州的三项全能运动比赛中，骑着自行车以时速56千米疾驰，带领一大群选手穿过米申别荷镇，群众夹道欢呼。突然，麦吉听到群众的尖叫声。他警觉地扭过头，只见一辆黑色小货车朝他直冲过来。麦吉怎么也想不明白，比赛场地周围马路已几乎都封锁，几个未封锁的一字路口也有警察把守，这辆小货车是如何闯进来的。

然而根本不容他反应过来，这辆车已经如闪电般直冲过来，麦吉的身体随之飞越马路，一头撞在电灯柱上，颈椎"啪"的一声折断。麦吉接受紧急脊椎手术后醒来时，发现自己躺在重伤病房，一动也不能动。麦吉四肢瘫痪了，那时他才30岁。

这一次，麦吉周围的护士个个都流泪了，她们为麦吉难过，因为此时命运已经不只是在开玩笑了，简直是欲置之死地而后快。麦吉的四肢都因颈椎折断而失去功能，但仍保存少量神经活动，使他能稍微动一动——手臂能抬起一点点，坐在轮椅上身体可以前倾，双手能做一些简单动作，双腿有时能抬起两三厘米。

当别人为麦吉遇到这样的难题垂泪时，麦吉却笑了，因为他知道，他的四肢尚有感觉，这意味着他无须24小时受人照顾。经过艰苦锻炼，麦吉渐渐进步到能自己洗澡、穿衣服、吃饭，甚至开经过特别改装的车。当医生惊奇时，麦吉则笑着说："这不过是自己的幸运罢了。"

命运并不因为麦吉的笑容而减少对他的折磨，接下来的治疗让他吃尽了苦头。医院对脊椎受伤病人的治疗，好似施行酷刑。那种痛彻入骨髓，让人难以忍受。但是痛过之后，麦吉那永远不变的表情依然是笑容。

麦吉微笑着对自己说："你是过来人，知道该怎样做。你要拼命锻炼，不怕苦，不气馁，一定要离开这鬼地方。"其后几个月，麦吉再度变得斗志昂扬，康复速度之快，出乎所有人预料。仅仅6个月，他便重新振作起来，开始独立生活，又大约6个月之后，他在一次三项全能运动员大会上，以"坚忍不拔和人类精神力量"为题，发表了一篇激动人心的演说，事后人人都围着他，称赞他勇敢和乐观。

命运永远不可能让坚韧忍耐的人臣服。命运再苦，麦吉总不忘记对自己笑一笑，告诉自己：我要忍耐此时的痛苦，我要坚持下去，幸福就在不远的前方。

女人要懂得，面对逆境，再苦也要笑一笑。生活就像一面镜子，如果你用苦脸迎接命运的挑战，那么你看到的必然是苦的"镜像"，相反，你笑一笑，生活也会向你绽开笑颜。女人的一生难免会遭受很多苦难。无论是与生俱来的残缺，还是遭遇生活的不幸和逆境，但只要我们乐观面对生活的苦难，自强不息，就一定会赢得掌声，赢得成功，赢得幸福，苦难也就成了我们人生发展的垫脚石。

女人凡事都要往好处想

一位作家曾说："幸福是一种角度，从这边看是痛苦，换一边看未尝不是幸福。被刺到手时，你的幸福是因为它没有刺到眼睛。"不要奢望世界为我们而变，我们可以改变自己的态度。改变了自己，你就改变了一切。

天底下没有绝对的好事和绝对的坏事，有的只是你选择面对事情的态度。在一个人的成长历程中，有挫折、有艰辛、有苦恼、有困惑，但是不要去抱怨，美好的心态会让我们平静，让我们豁达，让我们自信，所以，我们要学会凡事往好处想。

凡事都往好处想，就能淡化功名利禄。粉黛香艳，倚红弄绿，那是潇洒明星，我笑而避之；黄金富贵，肥食轻裘，那是巨富大款，我敬而远之；凡事都往好处想，就能理智地对待自己，把握年轻的含义：一份幼稚，一份成熟，一份痴迷，一份自信，一份清纯，一份热情；凡事都能往好处想，就可以成为一个大度潇洒的人，一个善解人意的人，一个宽厚豁达的人，一个自信快乐的人，一个会爱护自己、懂得尊重别人的人。

凡事往好处想，就会看到希望，有了希望才能增添我们生活的勇气和力量。所罗门说："人有疾病，心能忍耐，也可承担；精神若已崩溃，一切就会成空。"其实，生活中的不如意也是这样，它们常常会不期而至。当不幸来临，有的女人心灰意懒，自暴自弃，让美丽在岁月蹉跎中枯萎：另一种女人则是直面生活，心在梦在，让精神的美丽永远摇曳在不屈的抗争里。

生活中的事情有时并没有好坏之分，很多时候取决于我们的态度，换一个思维，凡事往好处想，幸福就离我们不远。

陈洁是一位乐观风趣的女性，现在她担任一家化妆品公司的总经理。在她的人生中，不管遇到怎样的逆境，她的心情从来不会很糟，快乐和乐观是她生活的主旋律。

在公司里，她和每位员工都显得很和谐。日常生活中，要是哪位员工心情不好，她就会告诉对方要乐观对待生活，要去看事物的正面。她说："每天早上，我一醒来就对自己说，陈洁，你今天有两种选择，可以选择心情愉快，也可以选择心情不好，我选择心情愉快。每次有坏事情发生，我可以选择成为一个受害者，也可以选择从中学些东西，我选择后者。人生就是选择，你要选择如何去面对各种处境。归根结底，是你自己在选择如何面对人生。”

有一天，她在车库门前，被三个持枪的歹徒拦住了。虽然歹徒抢走了她身上一切值钱的东西，但还是没放过她，残忍地朝她开了枪。幸运的是事情发现较早，陈洁被送进了急诊室。经过6个小时的紧急抢救和一个月的精心治疗，陈洁出院了，除了身上留了几块伤疤外，她的身体恢复得不错，没有后遗症。

后来，一位朋友前来看望她，朋友关心地问她感觉怎么样，她说："我幸福无比。想不想看看我的伤疤?"朋友看了伤疤，然后问她当时是怎么想的。

陈洁说："当我躺在地上时，我对自己说有两个选择：一是死，一是活。我选择了活。医护人员都很好，她们告诉我，我会好的。但在她们把我推进急诊室后，还清醒的我从她们的眼中读到了'她是个死人'，我知道我需要采取一些行动。"

朋友好奇地问："你采取了什么行动?"

陈洁风趣地说："有个护士大声问我有没有对什么东西过敏。我马上答'有的'。这时，所有的医生、护士都惊呆了，于是都停下来等我说下去。我忍着剧痛尽量说得大声些，我说：'子弹!'医生护士听完后，发出了大笑声，接着我又说：'请把我当活人来医，而不是死人。'"

我们真为陈杰的乐观和风趣拍手称赞。其实，人生充满了选择和不确定因素，抱怨或者是乐观面对，完全决定于你对它的态度。所以，当你处在逆境中时，请舒展你紧皱的眉头。不要因为陷入生活中不如意的一面而心烦意乱，消极低沉。

在这个喧嚣繁冗的世界，乐观地对待生活更能让女人的生活五彩缤纷。纵观古今中外的文学作品所塑造的女性形象，她们大都有着悲惨的身世、曲折的人生道路和一颗饱受痛苦折磨的心灵。现实生活中依然有很多女子也同样活得痛苦，她们把自己的生活看成是在炼狱，生活只是为了责任。

曾经有一位记者，为了体验基层群众的生活情况，他准备到一位生活在贫困线以下的女工家里“送温暖”。在去这个家庭之前，他仔细了解了一下情况，得知这位女工的丈夫早几年病逝了，为了治病欠下了很多外债，临终的时候只给妻子留下了两间破房，两个孩子，有一个孩子还是残疾。女工用干零活赚来的钱养活这个家，还要还丈夫生前治病借的外债，生活非常拮据。

看到这样的资料，想到以前他在基层中体验到的生活经历，他想象自己看到的一定又是这样的情景：女人和孩子蓬头垢面，一脸悲苦，蜷缩在又黑又潮的小平房里，屋里屋外没有一点儿鲜活的生活色彩。看到他的到来，母子三人哭哭啼啼地诉说着自己的不幸。他越想心里越感到心酸。

按照自己想象的情景，怀揣着爱心和深深的同情，第二天一大早，他就出发了。几个小时后，他按地址找到了这个家庭。但是看到眼前的情景，他惊讶了，完全和他想的不一样。他甚至怀疑自己是不是找错了地方，于是又重新核实了一下情况。

他看见女人脸上的笑容就像她的房间一样明朗，漂亮的门帘是用纸做的，灶间的调味品虽然只有油盐两种，但油瓶和盐罐却擦得干干净净。女工递给他的拖鞋鞋底竟是用旧解放鞋的鞋底做的，鞋帮上是用旧毛线绣着的美丽图案，整双鞋好看又暖和。女工说，家里的冰箱、洗衣机是邻居淘汰下来送给她的，用得挺好。孩子很懂事，做完功课还帮忙干活……

对于生活而言，这位女工的家庭是不幸的，但是，这位女工在逆境中表现出来的乐观，确实值得每位女性学习。对于乐观自信的女人来说，即使再漆黑的夜晚，也能看到星星在闪烁；即使乌云再密，仍然坚信太阳不久就会照耀头顶。她坦然地接纳生活中一切不幸的遭遇，微笑着犹如在接受一种财富。她没有抱怨，没有忧伤，反而感到光明、幸福。女工对记者诉说着太多的高兴事，那眼睛里流露出光彩，那种欢快折射出的美丽，使整个世界都溢彩流光、灿烂无比！

当今社会，不是让你去改变谁的时候，而是你要懂得学会接受，以一个好的心态坦然地接受它。当你凡事都以乐观的心态去面对的时候，你会惊讶地发现，无论多么大的困难都不可怕，世界原来竟是那么的美好，我们的生活处处都充满了阳光。每个人的一生都会遇到诸多的不顺心，悲观的女人在遇到困境时，看不到前途的光明，抱怨天地的不公，甚至会破罐子破摔；而乐观的女人在遇到困境时，能够泰然处之，认定活着就是一种幸福。无论是顺境还是逆境，都一样从容镇静面对，积极寻找着生活中的幸福。

面对人生中的逆境，一个真正懂得生活的女人是不会把自己的生活看作是炼狱的，而是对生活对自己时刻保持乐观的心态。她们知道虽然生活并不尽如人意，但是生活本身就是一段历程，只有懂得享受痛苦时的刻骨铭心，欢乐时的自由欢畅，只有凡事往好处想，才能活出生活的本来色彩。

女人要有塞翁失马的心态

古时候在边塞地区，有一个老者，人称塞翁。一次，他养的一匹好马突然失踪了，邻居和亲友们听说后，都跑来安慰他。

他却并不焦急，笑了笑说："马虽然丢了，怎么知道这就不是一件好事呢?"

几个月过去了。有一天，老者丢失的那匹马居然回来了，还意外地带回来一匹好马。

这事轰动了全村，人们纷纷向老者祝贺。可是老者并不高兴。他对大家说："这有什么好祝贺的呀，谁能料到这不是一场灾祸呢！"

几天之后，老者的独生子骑着那匹好马玩，这匹马不熟悉它的新主人，乱跑乱窜，将小伙子摔了下来，把腿摔瘸了。

人们听说了，又来安慰老者。可是老者仍然不焦急，他说："说不定还是件好事呢！"

后来，边境上发生了战争，很多青年人被征调入伍，上了前线，伤亡了十之八九，只有老者的儿子因为身体残废，留在家里，才侥幸活了下来。

所谓"塞翁失马，焉知非福""祸兮福所倚，福兮祸所伏"，福与祸在一定条件下可以相互转化。坏事在一定条件下可能变成好事，好事在一定条件下可能变成坏事。任何时候，天都不会真的塌下来。所以，遇到困难和挫折时，与其让抱怨把自己卷入绝望，不如镇定冷静，选择一分为二地看问题。这时，你会发现，其实事情并没有那么糟糕。

然而，在面对人生逆境时，女人常常把自己面对的事情看成是最糟糕或是最坏的，其实事情往往并不是这样。所以，女人在遇到看似不好的事情时，不要抱怨愤怒，要以平常心面对，要有"塞翁失马，焉知非福"的心态，静观事态的发展，或许下一秒钟，事态就会发生改变，甚至还可以得到别人的帮助。

英国著名小说作家威廉成名之前生活一度过得穷困潦倒，有时甚至连一双袜子都买不起。后来，妻子因为不堪忍受寂寞和困苦而离开了他，他失去了唯一的精神支柱。有段时间，他几乎要绝望了，投出去的三部小说已经快半年了，仍然没有任何消息。由于没有其他的经济来源，他没有钱买食物了，无奈之下，他只好以野果充饥。

命运总是喜欢和人开玩笑，有一天，散步回来的威廉收到来自出版社的一封信。收到这封信，他很高兴，以为是自己的小说被采用了。但是，事情远没有他想的那样美好。他迫不及待地拆开一看，才发现这既不是一封出版通知，也不是一封退稿信，而是一封道歉信，信上说，出版社因为不小心把他写的书稿弄丢了，特此致歉。看到这个消息，威廉几乎要发疯了，要知道，那是他花了很久的时间才完成的一部小说啊。更加不幸的是，他没有留下底稿。因为他生活窘迫，而且没有多余的钱来复印一份底稿，所以他的小说一写完就直接寄出了。现在他唯一的希望都破碎了，命运对他太残酷了，他已经没有希望了。

在这样的折磨下，他显得有些憔悴和颓废。后来，有个朋友不愿看到他现在的样子，就劝他放弃写作，并且为他找了一份工作，好让他能够糊口。可是威廉却拒绝了，他说："只要我还活着，我就不会放弃写作。任何人都别想让我放弃。"于是，他向朋友借了一笔钱作为日常开支，又开始投入到写作当中。

人们常说，当事情坏到不能再坏的时候就会发生转机，的确，或许是上天垂怜这位英才。几个月后，威廉突然又收到出版社的一封信，信上说上次他寄来的小说找到了，出版社看过之后很满意，决定以5万美金的价格购买他的小说版权，而且承诺只要是他创作的小说，今后他们都愿意出版。

经过自己不断的努力，威廉成为英国最著名的小说家之一。他成名后，没有忘记自己穷困潦倒的日子。在那段日子里，威廉觉得人生充满了变数，喜怒无常。可是现实往往没有我们想象的那么好，也没有我们想象的那么糟，只要我们能够坚持努力不放弃，保持一颗平常心，乐观地看待问题，客观地分析问题，不要因为事态的发展过于大悲大喜，那么终有一天，我们能够得到他人的帮助，迎来人生的成功。

"塞翁失马，焉知非福"就是告诉我们对于已经发生的事情，如果是坏的事情，可以静观其变，寻找向好的方向发展的可能性，如果是好的事情，则要提高警惕，预防事物向坏的方向发展的危险性。只有乐观地去面对这些，才能够保证自己平和稳定的心态。

当我们遇到一件事的时候，最理智的办法是不要过早地评判它的对错是非。即使是坏事，该发生的也已经发生了，我们没有必要扼腕叹息，而是应该想办法看看它有没有向好处发展的可能性。如果是好事，那么也未必能永远保持那个状态，我们也要警惕事物向坏的方向发展的苗头。这样无论是好事还是坏事，我们都能够保证用乐观的、平常的心态去面对。

王洁是个刚从大学毕业不久的大学生。很多同学都面临着工作难找的问题，但是王洁投了几份简历之后，很快就得到了一家广告公司的回应，让她下周去上班。王洁内心非常激动，她觉得自己太幸运了，于是她打电话把这个好消息告诉了妈妈。妈妈说，"找到工作固然件是好事，但是你去工作的时候也要仔细观察、认真分析，现在外面骗子很多，警惕受骗上当。"王洁听了妈妈的话，去上班的时候很留意观察，发现这家公司只有个写字间，几把椅子，里面甚至没有电脑等基本的办公设备，也没有正规广告公司的注册文件。王洁经过分析，觉得妈妈说得有道理，这家公司的确很可疑，于是想辞职不做了。但是妈妈又说，"或许这家公司刚成立，很多手续还没有办齐，你不能这么快下结论，先仔细观察一段时间再说。"王洁就先在公司里做负责接待的工作，虽然她心里有疑虑，但是做工作还是很认真。做了一段时间后，公司还给她发了薪水。

不久，公司的老总才出现。公司老总因为前段时间在外地，还没有来得及办好手续。老总一回来，发现王洁作为一个大学生，工作很踏实勤恳，而且没有计较公司的现状，觉得很满意，所以公司办妥各种手续，刚起步之后，就让王洁担任总经理助理的工作，而且薪水也比其他刚进公司的职员高了很多。公司走上正轨后，王洁发现其实这还是一家很有发展潜力的公司，她暗中高兴，幸亏当时听了妈妈的话。

女人要学会在事情面前保持冷静，不可凭借表面的印象直接下结论，同时抱着"塞翁失马，焉知非福"的心态，对事物的利弊作出全面的分析之后再形成自己的判断。这样我们就能够永远抓住属于我们的机会，取得我们期望的结果。

人为万物之灵，而女人是世上美丽的化身，女人身上寄托了造物主对美好的构想。所以，女人就应该活出自信和美丽。把抱怨从女人的字典里剔除出去，这样才能焕发出美丽的光彩。在人生的道路上，女人可能会遇到很多问题，当身处不佳的境遇时，一定要保持良好的心态，用平常冷静乐观的心态对待事物，对事物做出正确的估计和分析，这样，才会在逆境中得到别人的帮助，收获自己的成功。

女人要学会微笑面对生活中的逆境

美国哲学家威廉·詹姆斯曾说："要乐于承认事情就是这样的，能够接受发生的事实，就是能克服随之而来的任何不幸的第一步。"这就如同美丽承受着风雨，水适于所有的容器一样，女人也要学会承受一切不可逆转的事实。聪明的女人拥有达观的生活态度，这是对生命的敬重，也是为人处世中的豁达胸怀，是积极向上的乐观心态。有了这样的态度，女人才能面对生活，在身处逆境时才能展现出发自内心的微笑。

爱的微笑像一把神奇的钥匙可以打开心灵的迷宫，它的光芒照亮周围的一切，给周围的气氛增添了温暖和同情、殷切的期望和奇妙的幻境。微笑所释放出的能量也许是世上最惊人的奇迹，而奇迹本身就是它永恒的荣耀，化干戈为玉帛，化武力为祥和。微笑貌似平平淡淡，但其实它既是一种单纯，也是一种丰富；它既是出于礼貌，更是发自内心。微笑，是愉悦心灵的折射，也是女人生活里最明亮的阳光。

很多时候，人生的一些困境是我们无法改变的，在面对不如意的事情时，在面对不能改变的事实时，在你身处逆境时，你最习惯给予自己什么？抱怨还是微笑？不要犹豫，给不能改变的事情一个微笑吧！因为微笑对于一切痛苦都有着超然的力量，甚至能改变人的一生。学会适应和接受人生逆境的聪明女人，将是快乐而少抱怨的，将是沉静而无烦恼的。

微笑面对并不是漫不经心，它是你心灵的灯盏，告诉你要用微笑面对生活中的一切不顺。这样，你才能重新乐观地看待生活中的不幸和不顺，才能获得内心的宁静。

一个以微笑示人，以微笑从容面对曲折人生，坚持自我的女人，是最美的女人。因为微笑是一种恬淡、一种自信、一种执着，能感染家人、朋友、同事，让人感到生活的轻松、愉快。同时，微笑能让人年轻、有活力。“笑一笑，十年少”，微笑是生活最好的润滑剂，让人避免感到负担和沉重。女人的微笑是一种淡淡的幸福，因为幸福的女人都会开心，形之于色就是坦然的微笑。

几年前的一次火灾事故，让很多人丧失了生命，只有一对孪生姐妹死里逃生。虽然她们在灾难中顽强地活了下来，但是无情的大火却让原本面容娇美的两个女孩变得面目全非。

自那以后，姐姐不敢照镜子，她总是唉声叹气地说：“我被烧成这个样子，还怎么出去见人呢？还不如当初死在火场里呢！”妹妹经常劝慰姐姐：“那次大火，只有我们得救了，所以我们的生命尤为珍贵，如果我们垂头丧气的话，怎么对得起当初那些冒着危险把我们从火场里救出来的人呢！”

尽管妹妹多次努力开导姐姐，但是这些对于姐姐来说，没有丝毫的作用。姐姐依旧终日活在灾难的阴影中，面对别人的讥讽以及异样的目光，始终不敢抬起头。终于有一天，她对生活彻底丧失了信心，再也没有活下去的勇气了，偷偷服用了大量安眠药，结束了自己年轻的生命。

面对又一次的困境和打击，妹妹没有抱怨，也没有从此一蹶不振，而是微笑着面对这些困厄，依旧乐观向上地生活着。她时常告诉自己：“既然我活了下来，那么我生命的价值比谁都高，我要微笑着生活。”不管遇到什么样的冷嘲热讽，她都咬紧牙关昂首挺过去，乐观地生活。有一天，她在回家的路上发现不远处的一座桥上站着一个中年女人，她感觉情况有些不妙，便急忙停下车跑到女人眼前，可是那位中年女人已经跳下了河。从小喜爱游泳的她立即跳下河，把女人救了上来。

后来她才知道，那位中年女人非常富有，她的丈夫和女儿因为车祸离开了她，她无法承受这样的打击而产生了轻生的念头。得救之后，她决定报答自己的救命恩人，让她和自己一起经营生意。后来，这个原本平凡的女孩，凭借着自己的能力和自信，开办了公司，成了一个拥有数百万美元的富有女人。那时，再也没有人嘲笑她那被大火烧伤的面庞了。

面对同样的逆境，姐妹两人对待人生中的困境时的态度却截然不同，当然，她们的结局也不同。生活中有很多事情不是我们所能控制的，当那些我们无法掌控的事情发生时，我们要做的是承认它的存在，这样才有可能面对它，进而改变自己的生活。就像故事中的妹妹，大火无情地毁掉了她曾经娇美的容颜，这对于任何一个女人来说都是致命的打击，但事实已经发生，她选择了接受，并无数次地告诉自己："既然我活了下来，那么我的生命就是最有价值的，我要微笑着生活下去。"也正是这种积极乐观的态度，最终改写了她的人生。

人生是短暂的，但在几十年的岁月里，谁都会遇到一些令人不悦甚至是不幸的事，谁都会有身处逆境的时候，但是处境既然已成这样，时光也不可能逆转，我们就该把它当成一种客观存在而去接受，并适应它。女人若能保持心境平和，从容应对，便能微笑面对生活赋予我们的一切：微笑着面对诽谤，微笑着面对人生逆境，微笑着面对坎坷崎岖的人生。

当女人握住岁月的手，就学会了用微笑承受痛苦，学会用微笑把眼泪揩干，让孱弱的双肩撑起抑郁的额头。不论经历了怎样的委屈、艰辛，女人依然会用最美的微笑迎接每一个灿烂的黎明。人生苦短，女人的路若想走得远而长，必须付出更多的努力和勇气，如果你用真诚的微笑感染和打动身边的每一个人，那么你的脚印就会坚实而有重量！

在一家公司里有这样一位女员工，她叫李萍。每天到公司，她都会对其他同时报以微笑。而同事看到她的微笑后，在这一天的工作中心情就会好很多。

后来有人发现，她时常带有一面十分精致的小镜子。每当午休的时候，她都拿出来照一照，独自对着镜子微笑。有一次，有一个同事实在忍不住好奇心，试探地问："你为什么总爱照镜子？你为什么总是这么开心呢?"

原来，她在三年前得了乳腺癌，丈夫在她刚刚做完切除手术后，就和她离婚了。她带着只有5岁的女儿生活，整天垂头丧气，常常泪流不止。很长一段时间，她都打不起精神。她说，那时自己感觉天空都是灰色的。有一天，她站在镜子前，看到镜子里映出了一张陌生的脸：那张苍白的脸没有一丝血色，眼神呆板而茫然。她当时吓了一跳，自己原来那张年轻、俊美的脸到哪里去了？

身处这样的逆境，她在开始的很长时间里都感到没有希望，但是，想到自己的女儿，她努力对着镜子笑了笑，这样，才感觉自己有了一丝生机。她接着又笑了笑，整个人顿时变得神采奕奕，心情也随之振奋起来。她暗自说："无论发生什么事情，我都要坚强、幸福地活下去。"于是，在后来的日子里，她常常对镜子里的自己微笑。此外，她用业余时间搞文学创作，发表了许多文学作品，收到大量的读者来信，她活得越来越充实，工作也做得越来越出色，每年的年终她都能拿到很多奖金。她和周围的人相处得很融洽，因为她常常对人们友善地微笑，人们也同样回报她以微笑。

微笑是一种"积极心态"，它能给你战胜挫折的意志，助你摆脱抱怨的心态。不要坐在绊脚石的面前唉声叹气而耗尽了自己，学会微笑着用有限的生命来超越无限的自己。微笑能让你把痛苦瞬间减小，长期沉迷于痛苦和失意中只能让人不能自拔，整日里思索着挫折带来的痛苦就不能发现挫折带来的前进的方向。只有微笑，能让你重新振作，能让你摆脱挫折的阴影，走向辉煌的未来。懂得在逆境中微笑的人，懂得对自己微笑的人，心灵天空才会晴朗，才会拥有美好的生活。

凡事看得开，才是快乐的女人

如果你问一个女人，生活中最重要的是什么？相信大部分人都会说快乐。快乐意味着人心灵的充实、满足，快乐也意味着人内心的畅快、愉悦。女人都希望自己能做个快乐的人，能经常保持在那种充实满足的状态中。

然而，现实当中，当身处逆境中时，女人往往表现出的就是紧锁起眉头，开始变得暴躁，开始变得爱发牢骚，总是认为上天对自己不公平，整日唉声叹气，而很难再快乐起来了。很多女性非常理想化，总是在幻想着在童话般的生活中，但是随着经历的增多，才发现现实是多么残酷，它不可能让每个人都稳稳当当地实现自己的梦想。有时候甚至你付出了最大的努力，但是现实还是没有丝毫的改变。

女人要知道，这个世界的确是非常现实。每个人都必须经历痛苦磨难和洗礼，才能得到自己梦想的一切。生活中不仅仅有掌声和鲜花，更有泥泞和坎坷。甚至很多时候，经历了许多的坎坷才会换来梦寐以求的幸福。大多数时候，大多数人都在和各种各样的逆境做斗争。那么，女人怎样才能够真正地快乐呢？

叔本华曾说："人生就是一次痛苦的旅程，从我们降临人世的那一刻起到我们生命的终点，无时无刻不在忍受着痛苦。看不开的人，一生都没有快乐。"其实，经历一些事情之后，你会发现快乐和痛苦是相辅相成的，懂得忍受痛苦的人，能够凡事看得开，才能得到真正的快乐。

女人也是一样，要想快乐，就必须能够从人生中的困境和逆境中走出来，凡事看得开一点，只有这样你的身边才会有快乐，你的心里才能容纳进快乐的阳光。

曾经有这样一位乔女士，她一生未婚。由于家庭变故，她收养了自己的侄子，在之后的生活中，她对这个孩子就像自己的亲生孩子一样，慢慢地将他抚养长大。当孩子 18 岁的时候，她让孩子参军了。然而，这一走就是 10 年。中间孩子很少回家，她在这漫长的挂念中度过了这 10 年。突然，有一天，她接到一封电报，电报上说，她最爱的侄子为了帮助受害群众不幸遇难了。这个消息犹如晴天霹雳击倒了她，她当场就晕倒了，多亏好心的邻居及时把她送进医院，才摆脱了危险。醒来之后，她依然不相信侄子已经离她而去，她不停地安慰自己："一定是搞错了，他肯定还活着。"

三天后，部队派人将乔女士侄子的骨灰运了回来，那一刻她彻底崩溃了，痛不欲生。她以为再过不久侄子就能回家和她一起过节了，可没想到等到的却是噩耗。她觉得天塌了，侄子就是她的全部，现在她觉得自己活着已经没有任何意义了。

在侄子离开她的很长一段时间里，她发生了非常大的变化，以前健谈风趣的她，现在变得非常冷漠，她不再和朋友往来，对工作也丧失了以往的热情。她经常回忆过去那些幸福的日子，拿着侄子小时候的照片不停地看，想到现在就痛恨不已。后来，悲伤过度的她决定辞去工作，离开自己所在的城市，去一个遥远的地方。

在她收拾行李准备离开的时候，她突然看到一封几年前她的母亲去世时，侄子写给她的信："我们都会想念她，特别是你。但我知道你会撑过去的，因为在我心里你是世界上最坚强乐观的女人。我永远都不会忘记你曾经告诉我的那句话：不管活在哪里，不论我们相隔多远，都要记得微笑，要像一个男子汉那样，承受一切已经发生的事情。现在，我希望把它送给您，我的妈妈。"看到这里，她突然觉得自己应该好好地活下去，如果侄子看到她现在这个样子，肯定会失望的。

于是，她看开了这些，而且在第二天，也是在侄子去世后，她第一次认真化了妆，穿上自己最喜欢的衣服，她决定要以一个新的姿态来面对未来的生活。

很多时候，人生之路充满了太多无法预知的因素，面对这些无法更改的现实，明智的做法就是承认它的存在，并作出积极乐观的回应，这才是最为可取的生存态度。一个不敢面对现实的女人，是生活中的弱者，这种懦弱只会让你在现实面前越来越乏力，最终成为生活的傀儡，失去自我，失去了生的乐趣。要承认生命中的不幸的确需要勇气，但是只要你能够看得开这些，你仍然能够活得快乐。

现实中，我们可以去争回我们失去的东西，我们也可以去努力维护自己的权利，但是无论什么时候，我们切不可因为生活当中那些不开心的事情就耿耿于怀，就像放在心里的一块大石头，影响了我们的生活。大事小事，我们如果能调整自己的心理，其实都能看得开。有个老者活了 120 岁，当别人问她长寿的秘诀时，她说，“没什么，就是什么事都能想得开。”这既是长寿的秘诀，也是得到快乐的秘诀。如果能够这样的话，那么女性朋友都能够做到与快乐相随。

很多事情，当你关注它的时候，它或许是很严重的一件事情。但是如果你不去想它的时候，它对你也就毫无意义了。除了我们的生命之外，其他事物其实都是身外之物，能得到固然好，如果得不到，也就随它去吧。你的快乐是最重要的，千万不要为了任何事情而破坏了你快乐的心情。

想要快乐，就要有保持快乐的能力。快乐就像玻璃，虽然美丽但是也非常易碎。就像保护玻璃一样，我们也要保护我们的快乐，不要让外界的事物损害了我们的快乐。我们要有抵御外界干扰的能力，无论外界发生了什么，无论别人对我们什么态度，但是只要我们能够不为它们所影响，只要能够看得开，保持自己快乐的心态，那么就能够永远拥有自己的快乐。

大学毕业后，小敏和一个男孩恋爱了。他们很说得来。热恋中的女孩都会这样，小敏很爱自己的男朋友，所以非常在乎他的想法和看法，每天脑子里想的全是他，他的一举一动似乎都牵动着小敏的神经。但是她的男朋友是个大大咧咧的人，很少能够理解小敏的心情，为此，他们之间矛盾不断。

有一次，他们约好去看电影，下班后，小敏希望男朋友来接自己，但是男朋友正好被另外一个朋友拉去喝酒，直到电影开始后才赶到，小敏就认为是男朋友不在乎自己，和男朋友大吵一架。吵架后，小敏希望男朋友能够主动打电话来道歉，但是左等右等都没有一个电话。小敏很生气。当她主动打电话过去的时候，男朋友那边又是一片嘈杂，原来他正在和一帮朋友喝酒……小敏觉得自己受了伤害，很委屈。她觉得自己这么在乎他，他却对自己如此冷淡。她不知道怎么办好，整天精神恍惚，整天抱怨。单位有个女孩晓雪，看到小敏这样，就问她怎么回事，小敏就向她说出了自己的烦恼。晓雪说，“其实你的男朋友没有错，真正折磨你的人是你自己。”

小敏本来以为她会安慰自己几句，但是没想到她竟然帮着男朋友说话，很吃惊。不料晓雪继续说，“他并没有想让你不快乐，更不知道你不快乐，而真正让你不快乐的是你放不下。没有人让你那么在乎他，更没有人让你因为他的一次迟到而生气，这一切都是由自己的想法而引发的烦恼。如果你能够多看开一点，不要把他看得那么重要，你就能快乐很多。”

小敏听了晓雪的话，觉得很有道理，于是，她决定在以后的生活中，不再管男朋友用什么态度对待他，也不再去想自己在男朋友心目当中到底是什么地位，决定把他放在一边，自己过自己的生活。

小敏开始重新参加朋友们准备的晚会，开始把更多的精力投入工作上，而谈恋爱，只是她生活中的一部分。如果男朋友有时间，小敏就约他一起喝喝茶，聊聊天，如果没有时间，小敏就自己做自己的事情，再也没有强求过什么。过了一段时间，男朋友突然说，“小敏，我觉得你越来越懂事，越来越独立了。你就是我喜欢的那种女孩，我们结婚吧。”就这样，小敏通过“放手”的方法，和男朋友走进了婚姻的殿堂。

女人要懂得，凡事顺其自然，能够解决的问题，尽力去解决，实在解决不了的问题，就由它去。把事情看得越严重，就失去越多；看得很开，反而会得到很多。看开一点，心境就会好一些，快乐也就多一些。所以，凡事看开一些，只有自己的快乐才是最重要。想开一点，做一个豁达的女人，快乐就会来到你身边。

女人不要抱怨命运的不公

小豹子被猎人捉走了，母豹一直愤怒地吼叫着，整个丛林中的动物都吓得战战兢兢。每天深夜，母豹的叫声都吵得其他动物无法入睡。终于有一天，黑熊忍不住了，便去质问母豹：“请先停止您的叫声，您过去吃掉的那些羚羊、小鹿，它们就没有父母吗？”

“它们当然有父母。”母豹回答说。

“好！那请问，它们死去之后，您看到哪一个父母终日哭闹，吵得别人不得安生吗？既然别的父母都能够忍气吞声，为什么您就不能呢？”

听了黑熊的话，母豹觉得很委屈，它抱怨说：“我太不幸了，我怎么能够默不作声呢？我失去了我的孩子，我的晚年会很孤独的！”

“半年前，猎人捉走了您的孩子，您很痛苦，谁也无法改变这个事实。如今，这件事已经过去了，您还是痛不欲生，现在的这些不幸又是谁造成的呢？”

“命运！命运故意和我作对，它捉弄我，仇视我……”母豹仍然不停地抱怨。

母豹失去了自己的孩子，不停地抱怨命运对它不公，令周围的动物深感厌恶。

其实，人之所以常常抱怨命运不公，是因为对自己的处境总是抱着一种悲观的态度，而不会用乐观和快活的心去面对生活。

现实生活中，很多女人都在抱怨命运的不公，而他们却整天浪费着宝贵的时间——生命，让时光白白地在自己的身边溜走。一个人只有怀着积极的心态，坦然面对生活中的一切，才会真正体会到生活的真正含义。只有珍惜生活、尽情享受每一天的人，才能感受到生活的充实和丰富。

厄运的到来是我们所无法预知的，面对这些，怨天尤人只会使我们的命运更加灰暗。所以我们必须选择一种对我们有好处的活法，换一种心态、换一种途径，才能不为厄运的深渊所淹没。

戴尔·卡耐基小时候和几个朋友在家乡北密苏里州的一座老屋里玩，当他从窗栏上跳下来的时候，戒指钩住了一个钉子，他的一个手指被拉掉了。当时，卡耐基曾尖叫过、恐惧过，可等到恢复后，他再也没有为此而烦恼过，抱怨过。在后来的生活中，他勇敢而平静地接受了这个现实，而且以后也几乎从来没有去想过，他的左手只有四个手指。

卡耐基没有抱怨命运的不公，而是更加努力奋斗，终于有了自己的一番成就。虽然他少了一个手指，但是他过得几乎比世上所有的健康人都好。哲学家威廉·哈达威说："要乐于承认事情就是这样的，能够接受发生的事实，就能克服随之而来的任何不幸！"当然，重要的不是忘记，而是去适应。因为有句老话是这样说的：事情是这样的，就不会是那样的。

有人说，人生就是一张单程车票，所有走过的、经历过的都已经成为既定的事实和历史。如果这些事实是美好的，人们都愿意快乐地接受；如果这些事实是残缺的，心里排斥它们，陷入懊悔、自责、失望的深渊中。然而，无论你是主动接受还是被动接受，这就是生活的真实面目，谁也无力更改。所以，当厄运来临时，不要去抱怨，而是要乐观去面对。

由于金融危机带来的严重影响，很多公司都开始了裁员。某文化公司也不例外。由于后勤部员工较多，所以公司决定主要从后勤部裁减人员。在这次的裁员中，晓丽和晓梅都没能逃脱这一厄运。公司规定，她们要在一个月之后离岗，听到这个消息时，她们的眼圈都红了。

得到通知的第二天，上班到公司后，晓丽的情绪仍然很激动，同事和她打招呼，她爱答不理的样子，说话也总是带刺，她不敢直接找老板去发泄，只能向办公室主任与同事发抱怨："我做错什么了？凭什么把我裁掉……""这对我不公平……"她声泪俱下的样子，惹得周围的人心生同情，但无论大家怎样劝慰她，也没有用。她一天下来，只顾着到处申冤诉苦，连自己的本职工作都忘了，传送文件、收发 e-mail 也不及时，有时甚至把订餐都耽误了。其实，晓丽过去在公司是个很有人缘的女人，可现在她整天抱怨，整天愤愤不平的，同事们不再像以前那样喜欢和她接触了，甚至有点讨厌她了。

而晓梅就和她不一样了。虽然晓梅在看到裁员名单后，心里也非常的痛苦，晚上回家哭了一个晚上。但是她第二天上班的时候，和以往没有什么区别。同事不好意思再吩咐她做什么，但她却主动揽活，面对大家同情而惋惜的目光，她总是淡然一笑，说自己想站好最后一班岗。每天上班期间，她仍旧很勤快，随叫随到，力求做好自己分内的事。

很快，一个月过去了，当初裁定的人员都下岗了，晓丽也不例外，然而让其他员工都感到意外的是，晓梅却被从裁员名单中删除了。当天，主管在办公室里向所有同事传达了经理的话："晓梅的岗位，谁也无可替代！像她这样的员工，公司永远都不嫌多！"

命运中，逆境与不公时常存在。女人在面临困境的时候，不要抱怨命运的不公，因为抱怨会让你的内心痛苦不堪，而且在怨天尤人的情绪中，事情也只能越变越糟，甚至错过了解决问题的机会。面对生活或是工作中的困境，要学会不断地捕捉生存智慧，承受苦难，直面打击，这样才能够在挫折中成长起来，把握自己的命运。

底特律的爱德华·埃文斯先生出生在一个贫苦的家庭，起初只能靠卖报来维持生计，后来在一家杂货店当营业员，家里好几口人都靠着他的微薄工资来度日。后来他又谋得一个助理图书馆管理员的职位，依然是很少的薪水，但他必须干下去，毕竟做生意实在是太冒险了。

在长达8年之后，他借了50美元开始了他自己的事业，结果一帆风顺地发展成了颇具规模的大事业，年收入也很可观。然而，可怕的厄运突然间降临了。他替朋友担保了一张面额很大的支票，而朋友却破产了。祸不单行，那家存着他全部积蓄的大银行也破产了。此时他不但血本无归，而且还欠了许多债，在如此沉重的双重打击下，埃文斯终于倒下了。他吃不下东西，睡不好觉，而且生起了莫名其妙的怪病，整天就处于一种极度的担忧之中，大脑一片空白。

有一天，埃文斯在走路的时候，突然昏倒在路边，以后就再也不能走路了。家里人让他躺在床上，接着他全身开始腐烂，甚至连躺在床上也觉得难受。医生只是淡淡地告诉他：生命只有两个星期。埃文斯索性把全部都放弃了，他静静地写好遗嘱，躺在床上等死。人也彻底放松下来，闭目休息。

然而，命运在这个时候又向埃文斯开起了玩笑。一切似乎又都好起来了，他睡得像个小孩子那样踏实，一切困难也似乎正在悄悄地结束，自己也不再进行无谓的忧虑了，胃口也开始好起来了。

两个月后，埃文斯已能支着拐杖走路，三个月后，他能回去工作了。只不过是以前一年赚几万美元，现在是一周赚30美元，但他已经感到万分高兴了。他的工作是推销在船运送汽车时，汽车轮子后面放的挡板。他早已忘却了忧虑，不再抱怨命运的不公，不再为过去的事而悔恨，也不再害怕将来，把他所有的时间、所有的精力、所有的热诚都用在推销挡板上。

很快，他的生活又好了起来，一切进展也都很顺利。几年过后，他竟然又成为老板，是埃文斯工业公司的董事长，如果你坐飞机去格陵兰，很可能降在埃文斯机场，这是专门为纪念他而建立的飞机场。他是生活中的强者，原因在于他不仅能勇敢坚强地接受既定的现实所带来的不幸和困境，并且能乐观地对待它、利用它。

不要抱怨命运的不公，因为当上帝在你面前把一颗石子扔进乱石堆，你很难再找到它；如果他把一块金子以同样的方式扔进乱石堆，你很快就可以将它捡起。当你还是一颗石子的时候，千万不要抱怨命运不公，要学会在平凡的生活中磨砺自己的意志和品格，努力把自己打磨成一块闪闪发光的金子，无论什么时候，无论什么人都无法掩住你灿烂夺目的光辉。所以，我们应该感谢那些时不时出现在生活中的难题，更应乐观面对生命中的一切逆境和不顺，这样，你才能感悟到生命的真谛。

女人要相信，困境不等于绝境

罗曼·罗兰曾说："不幸不会长续不断，你要耐心忍受，或是鼓起勇气把它驱走。"生活中，每个人都会面临困境，然而，困境并不是绝境，在困境的背后往往孕育着机遇。正如尼采所说："一切痛苦之中都孕育着快乐。"每一个厄运的背后都有机遇在潜伏，每一种困境的背面都蕴藏着希望的种子。

一头驴不小心掉进了枯井里，驴的主人想了很多办法也没有把它拉上来。看到驴子苦苦挣扎，为了尽快结束驴子的痛苦，无奈之下，主人决心将其填埋在枯井中。于是，主人开始一点一点地向井里填土。

驴子似乎知道了主人的用意，它开始悲鸣。主人听到了驴子的叫声，一阵心酸，于是便加快了填土的速度。过了一会儿，驴子不再叫了。主人以为驴子已经死了，可当他低头向井底看的时候，却发现了一件出乎意料的事情：驴子没有死，却好好地站在那里。主人明白了，原来驴子把那些铲进去的落在它身上的土，都抖落了下来，然后踩在脚下。没想到，它却一点一点地升高了。

主人明白了这些，马上加快速度不停地填土，过了一会儿，驴子轻松地跳出了枯井，得救了。

其实，在每个人的生命旅程中，总免不了会陷入“枯井”，也总会有寂寞、失望、幻灭、痛苦等“泥沙”降落到我们身上，想要从“枯井”这个困境中摆脱出来，就要把“泥沙”抖落掉，然后将它们踩在脚下。

山重水复疑无路，柳暗花明又一村。很多时候，转机就潜藏在困境之中。面对困境，女人应该学会不抱怨，而是勇往直前奔向理想。

提起肯德基，相信连小孩子都知道。它的创始人就是卡耐尔·桑达斯。在他6岁的时候，他的父亲就去世了，为了照顾年幼的弟弟，补贴家庭的支出，他开始到田间劳动。随着年龄的增长，卡耐尔步入社会，参加工作。但卡耐尔是个性子暴烈、不达目的绝不罢休的人。这种固执的性格，使得他总与别人争吵，他为此不得不多次变换工作。他讨厌被别人管着，于是，年轻的卡耐尔便开始自己创业。起初，他经营一家汽车加油站，但不久受经济危机的影响，加油站倒闭了。

第二年，他又重新开张了一家带有餐馆的汽车加油站，因为服务周到且饭菜可口，生意十分兴隆。但是，一场无情的大火却把他的餐馆烧了个精光。他最终还是振奋精神，建立了一个比以前规模更大的餐馆。餐馆生意再次兴隆起来，可是，厄运又找上了门。因为附近另外一条新的交通要道建成通车，卡耐尔加油站前的那条路变成背街的道路，顾客因此锐减，卡耐尔不得不放弃了餐馆。这时卡耐尔已65岁了。然而，卡耐尔并未就此罢休。经过一番思考之后，他突然想到手边还保留着一份极为珍贵的专利——制作炸鸡的秘方，他决定卖掉这个秘方。于是，他开始走访美国国内的很多快餐馆。他教授给各家餐馆制作炸鸡的秘诀——调味酱，每售出一份炸鸡他获得5美分的回扣。

5年之后，出售这种炸鸡的餐馆遍及美国及加拿大，共计400家。到1902年，由他创建的肯德基炸鸡连锁店在全美国就达到4000多家。

卡耐尔的成功告诉我们，不要抱怨人生中的困境，困境并不可怕，只要你能够乐观地看待它，并努力去做，你也一定能够获得人生的成功。

生活中的困境是无法避免的，这是一个无法回避的现实。处在人生低谷时期，女人要承受来自各方面的压力，生活上、精神上甚至人格尊严上，但是困境并不等于绝境，因为解决任何问题的方法都不可能只有一种。正所谓条条大路通罗马，最重要的是面对困境有没有足够的信心，有没有接受现实的勇气，能否在困境中找到出路。换个角度来看，困境也是一种激励和机遇，抓住了机遇，就是成功的开始。

美国曾经掀起过淘金热潮，淘金生活异常艰苦，最痛苦的是没有水喝。人们一面寻找金矿，一面不停地抱怨，有人说："谁让我喝一壶凉水，我情愿给他一块金币。"还有人说："谁让我痛饮一顿，我将给他两块金币。"甚至有人还说："老子出三块金币！"当时也是淘金者的亚默尔，同样也遭遇到没水喝的困境，甚至觉得这是个绝境，与其他人一样，他也发出过没水喝的抱怨声。

经过他的调查，他发现了这个困境中孕育着的机遇。于是，亚默尔不再抱怨了，他想：如果将水卖给这些人喝，比挖矿更能赚钱，于是他毅然放弃淘金，用挖金矿的铁锨去挖水渠，将水运到那里，一壶一壶卖给找金矿的人。一起淘金的伙伴们都嘲笑他："不挖金子发大财，却干这种蝇头小利的买卖。"后来，那些淘金者大多空手而回，而亚默尔却在很短的时间内靠卖水发了大财。

上帝是公平的，机会是平等的，"没水喝"的问题摆在所有淘金者面前，可是人们却忽视了它，根本没有看到其中隐藏的机遇，甚至还嘲笑那些把问题化成机遇的人。现实中类似的事情还有很多。工作中，面临困境时，平庸者往往从表面上找原因，他们不断地抱怨，把自己的落魄归之于条件，归之于机遇，殊不知真正起决定作用的是人的态度和能力。敏锐的洞察力，决定了你能否发现别人看不到的困境中的机遇。

当一个人处于困境中时，这个困境往往被看成阻碍任务完成的最大绊脚石，人们总是想方设法逃避。但那些真正的优秀者从不在困境面前俯首称臣，他们不相信困境就是绝境，于是，他们总能从与常人完全不同的角度去观察困境，从中获得机会。

在生命的旅程中，没有预定的轨迹，不管是处于高峰还是低谷，坚定的信念永远都是巨大的动力，它可以推动你去做别人认为不可能做到的事，让你在困难重重的道路上取得成功。这个世界上，什么路都可以选择，唯独不能选择放弃这条路。生活中其实没有绝境，绝境只是因为你的心没有打开。一颗封闭的心，就好比一个没有窗户的房间，会永远处在黑暗之中。其实，那些黑暗也不过是一层纸，一捅就破，外面仍是一片光辉灿烂的天空，关键在于你是否愿意捅开。

当女人在生活中陷入困境时，要相信，困境不等于绝境，困境中一定会有机会。所以，面临困境时，要在实际生活中冲出困境，更从思想上冲出困境。对于可以挽回的事情极力排除困难，明智地改变它，解决它；对于无法挽回的事情睿智地面对它，接受它。困境过后你会发现，人生的低谷并不可怕，可怕的是沉溺其中，不知道如何自拔。女人只要懂得了如何走出人生低谷，就能够顶住心理压力，迎接更加美好的明天，获得生活的帮助。

女人要用平静的心看待逆境

俗话说“人生不如意事十有八九”，逆境是走向成功的过程中在所难免的，会给我们造成精神上或肉体上的痛苦，使我们遭受失败和打击，让我们的生活变得曲折和艰难。然而逆境也能磨炼人的意志，激发人的潜能，使人变得勇敢，变得坚强。所以，很多时候，重要的不是绝对避免挫折，而是要在逆境面前采取积极进取的态度，学会用平静的心态看待挫折。

当我们翻开一个伟人的人生记录后，你会惊奇地发现，他们的道路中逆境要远远地多于顺境，但是他们却成了伟大的人。我们都看过《西游记》，西天取经其实最重要的不是取经的结果，而是这一路上克服了困难的这种过程。而在这个过程中，我们看到的不只是身处逆境时的痛苦，还有克服困难时的勇气和信心，以及在逆境中的心态。

在美国，一位叫塞尔玛的女士随夫从军，她本以为能够和丈夫在一起是一件快乐无比的事情，但是部队的恶劣环境让她难以接受。部队驻扎在茫茫的沙漠地带，那里气温很高，炙热的太阳让人喘不过气来。尤其是住在用铁皮制成的房中，没有良好的通风条件，简直让人无法忍受。

更让塞尔玛痛苦的是她刚到这里，丈夫就接到远征的任务，整天只有她一个人孤零零在铁皮房里。尽管周围住着印第安人，但由于语言不通；当地气温很高，在仙人掌的阴影下都高达华氏125度。因此她整天愁眉不展，度日如年。

塞尔玛觉得十分无聊，于是她给家中的父母写了一封信，信中她表达了自己想回家的愿望。从寄出信的那一天起，她就盼望能早日收到回信。不过当她兴高采烈地拆开回信时，却让她大失所望。她本以为父母会安慰自己，让自己安心度日。没想到父母仅仅简单地写了几行字："两个人从监狱的铁窗往外看，一个看到的是地上的泥土，另一个却看到的是天上的星星。"

看完父母的信，塞尔玛有几分生气，她本以为父母会安慰她的。但是，过了几天这几行字还是引起了她的兴趣，她静下心来仔细思考这几句话的意思，经过无数次的反复琢磨，她终于明白了其中的缘由。以前她总是低头看世界，结果只看到了泥土。但她从来没有抬头看，原来抬头可以看到天上的星星。闪闪发光的小行星点缀着浩瀚无比的星空，神奇的太空有无数的奥秘等待人们去开发。其实人们的生活环境中不仅仅有泥土，星星同样是我们生活中不可或缺的一部分。抬头去找星星，就会被它的美好世界所陶醉。

从此塞尔玛不再一个人待在屋中自寻烦恼。她开始主动和印第安人交朋友。让她意外的是他们十分好客，真诚热情，时间一长他们成了无话不谈的朋友。另外她还欣赏沙漠的日落日出，感受沙漠的海市蜃楼，总之她的生活发生了翻天覆地的变化。

她开始享受着新生活给她带来的一切，渐渐地她不再觉得那里索然无味，她找到了她所要追求的快乐。她发现生活一切都变了，变得每天都是充实快乐，每天都置身于欢笑之间。后来她回到家乡后，将自己的亲身经历写了一本名叫《快乐的城堡》的书。

我们看到，对于塞尔玛，同样一个人，前后却判若两人：一个是无限的痛苦，一个是不尽的快乐；一个是阴雨连绵，一个是阳光灿烂。其实，塞尔玛所处的环境并没有改变，变化的是她的心态。

幸福与不幸是事物发展的两个轮子，不幸是幸福之母，是幸福的先导。幸福与不幸，相隔只有一步。即使你认为不幸了，只要有“置之死地而后生”的乐观心态，还是可以战胜逆境的。增强对逆境的承受力，并在挫折与风险中磨炼出坚强的意志力，只有这样，我们才会获得幸福。

如果消极地看逆境，抱怨命运不好，可以把问题的责任多推给外界条件，但同时也就忘记了自己的力量，忘记了总有一些事情是自己可以控制得来的。其实，只要我们也能将挫折像蛛网那样轻轻抹去，只要我们心中有阳光，只要我们抬起不屈的头颅，只要我们能够用平静的心态看待逆境，暂时的逆境又算得了什么。

人生中，不论什么时候，无论是顺境逆境，都要保持乐观的心态，保持平静的心态。我们的生活不可能一帆风顺，总会有意外在等着我们。只要始终保持一种乐观情绪，学会给自己解压，在困境中鼓励自己。当逆境出现时，相信自己能够掌握自我命运，能够从逆境中走出去，在一个个逆境中获得健康、知识、活力与成功。

犹太民族是一个伟大的民族，同时也是一个灾难的民族。在近两千年漂泊流离的生活中，犹太人一直处在逆境之中。在这漫长的日子里，一方面，他们把逆境视若寻常事，在此过程中学会了忍耐和等待，坚信一切很快就会过去的，学会了如何在逆境中进行生存发展的智慧。另一方面，把逆境当作是一种人生的挑战，发挥自身潜在的能力，精神抖擞地在逆境中崛起。犹太人把这种智慧运用到商业操作中，就形成了在逆境中发财的生意经。

犹太实业家路德维希·蒙德学生时代曾在海德堡大学与著名的化学家布恩森一起工作，发现了一种从废碱中提炼硫黄的方法。后来他移居到英国，在那里他几经周折才找到一家愿意同他合作开发此技术的公司，结果证明这项技术的经济价值非常高。于是蒙德萌发了开办化工企业的念头。

蒙德买下了一种利用氨水的作用使盐转化为碳酸氢钠的方法，这种方法是他一起参与发明的，但当时还不完善。蒙德于是一边买下一块地建造厂房，一边继续实验，以完善这种方法。尽管实验屡屡失败，但蒙德从未放弃，他仍然夜以继日地研究开发。经过反复的实验，他终于解决了技术上的难题。

1874 年厂房建成，刚开始生产状况并不理想，成本居高不下。连续几年，企业都处于亏损状态。同时，当地居民担心大型化工企业会破坏生态平衡，也都拒绝与他合作。

犹太人在逆境中坚忍的性格帮助了蒙德，他没有气馁，终于在建厂6年后取得了重大突破，产量增加了3倍，成本也降了下来，产品由每吨亏损5英镑，后变为获利1英镑。当时的英国，工厂普遍实行12小时工作制。蒙德作出了一项重大决定，将工作时间改变为每天8小时。通过这项决定，工人的积极性极度高涨，每天完成的工作量和原来的12小时一样多。

周围居民的态度也发生了转变，争着进他的工厂工作，因为蒙德的企业规定，在这里做工，生活可获得终身保障，并且当父亲退休时，还可以把这份工作传给儿子。后来，蒙德建立的这家企业成了全世界最大的生产碱的化工企业。

贝弗里奇说："人们最好的工作往往是处于逆境时作出的。思想上的压力，甚至肉体上的痛苦都可能成为精神上的兴奋剂。"逆境是人生的十字路口，也是人生的试金石。逆境有时候就像人生的分水岭，跨过它，你就会成功，否则，你还是在逆境的深渊里继续挣扎。

人生中，经常有无数来自外部的打击，但这些打击究竟会对你产生怎样的影响，最终决定权在你自己手中。面对逆境，积极的心态会使人乐观向上，不断进取。无论你是从顺境还是逆境中走过来，心灵始终宽容豁达，不再有顺境逆境之分，心情平和淡然，懂得享受生命的过程，不会因为结果的成败而耿耿于怀。所以，你如果想成为一个快乐的女人，就要学会用平静的心来对待你生活中的逆境。

女人要懂得，经历风雨才能见到彩虹

古诗云：宝剑锋从磨砺出，梅花香自苦寒来。不经历风雨，怎么见彩虹？人生在世，逆境是常态。身处逆境，有人会坚强面对，愈挫愈勇；有人则选择逃避，临阵脱逃。对于坚强的人而言，它是进身的阶石，对于弱者而言，它是无底深渊。但是不管怎样，我们要知道，只有经历风雨方能见到彩虹，只有挥洒汗水才能结出成熟的果实。

有一天，上帝遇到了一个农夫，农夫见到他后毕恭毕敬，对他说道："我的神啊。尽管是你创造了世界，但是你毕竟不是农夫，我得教你点东西。"上帝听后借着胡子的遮掩偷偷一笑，对他说："那你就告诉我吧。"

农夫说："请你给我一年的时间。在这段时间里，你要按照我所说的去做。到时我会让你看见，贫穷和饥饿将会在世界上消失。"

于是，上帝满足了农夫提出的要求。在这一年的时间里，既没有狂风暴雨，也没有电闪雷鸣，可以说任何对庄稼有危险的自然灾害都没有发生。如果农夫认为该出太阳了，天气就会晴空万里，阳光普照；如果农夫觉得该下点雨了，天气就会有倾盆大雨，而且想让雨停雨就停。

这一年简直是风调雨顺，小麦的长势也是特别喜人。农夫看后心情十分愉悦，于是他又到上帝那里，对上帝说："你瞧，要是再这么过十年，就会有足够的粮食来养活所有的人，人们就算不干活也可以安逸地生活了。"

然而等到人们收割小麦的时候，农夫却傻了眼。原来麦穗里空空的，什么都没有。农田里长得那么好的麦子，竟然颗粒无收。这让他惊讶至极，于是他又跑到上帝面前："上帝呀，这究竟是怎么回事呀？"

上帝告诉他："那是由于小麦都过得太舒服了，没有任何打击是不行的。这一年里，它们没经过任何风吹雨打，也没受到过烈日煎熬。你已经帮它们避免了一切可能伤害它的东西。没错，它们长得又高又好，但是你也看见了，麦穗里什么都结不出来。小麦也还是时不时需要些挫折的。”

不经历风雨怎么能见彩虹？小麦需要挫折和逆境的磨炼，人也是一样。人们常说温室之花经不起风吹日晒，苦难和逆境才会使人变得更加坚强。所以，不管你现在的环境如何，不管成长的道路如何泥泞，只要你勇敢乐观地面对这些苦难，相信经受过风雨洗礼，你的人生将会更加精彩，也定将看到雨后的彩虹！

玛格丽特·米契尔是世界著名的作家，她的名著享誉世界。但是，这位女作家的创作生涯并非是平坦的，相反，可谓是充满坎坷曲折。她靠写作为生，没有其他任何收入，生活十分艰辛。最初，出版社根本不愿为她出版书稿，所以，她在很长一段时间里不得不为了生活而东奔西走。

但是，玛格丽特·米契尔并没有退缩。她说：“尽管那个时期我很苦闷，也曾想过要放弃，但是，我时常对自己说，为什么他们不出版我的作品呢？一定是因为我的作品不好，所以我一定要写出好的作品。”经过努力，他的小说终于问世了，玛格丽特·米契尔为此激动得热泪盈眶。她在接受记者采访时说：“在出版《勇鼠》之前，我曾收到出版社一千多封退稿信，但是，我并不气馁。退稿信的意义不是说我的作品无法出版，而是说明我的作品还不够好，这是叫我提高能力的信号。所以我比以前任何时候都努力，终于写出了《勇鼠》。”

现实生活中，女人习惯性地被人看作是弱势群体。在遇到困难和身处逆境的时候，很多女人总会想“谁能帮帮我”，而不是“现在我该怎么办?”她们害怕改变，害怕经历一些自己从未尝试过的东西，害怕挫折和一些逆境，殊不知，经历是一份收获，而这份收获别人是无法给予你，其他人也模仿不来，更不是固守在一个小天地里就可以得到的。经历，也许会给女人的生活带来痛苦、失落和遗憾，但正因为如此，女人的毅力才会因痛苦的磨炼而坚强，思想才会因碰撞的触动而深邃，最终才会有一番成就。

阿美是一家房地产公司的资深策划，她曾经是一名外语教师，在80年代，教师在很多人眼里是个再好不过的职业，福利好，待遇优，每年还能有寒暑假。然而，谁也没有想到，阿美在大家的一片羡慕声中作出了一个出人意料的决定：自费去留学。

但是，得知她要自费去留学，家人以及身边的朋友都不赞成她这样做，但她却说："我喜欢看《钢铁是怎样炼成的》，更欣赏里面的一句话：人的生命只有一次，当回顾往事的时候，不因虚度年华而悔恨，也不因碌碌无为而羞耻。我想找寻这样的一种感觉，所以我希望多经历一些东西，在一个新的世界，开始我人生中新的起点。"

一个人只身到外国留学，这其中的生活是清贫而艰苦的。在国外没有家人的照顾，也没有朋友的宽慰，更没有一份稳定的收入。想要更好地学习和生活下去，就只有靠自己去争取，而阿美为这些付出比别人更多的努力。

回国后她时常回忆在国外留学的日子，阿美没有任何抱怨，她经常面带微笑地说："那时候真的很辛苦，也很潦倒，有时候经常吃方便面，整个人都变得浮肿了，但那段经历却是我人生中最宝贵的，我的现在就是我的收获。"如今，阿美在房地产策划方面做得很成功，虽然在这期间也碰到过种种困难，可是，只要想起留学那段艰难的岁月，再大的困难都不算什么，生活中没有迈不过去的坎。

留学的艰难岁月磨炼了阿美的意志，让她收获了一份特别的人生经历，这是用多少金钱都无法买到的。人生中的每一次经历都是一次认知水平的提高，一次人生阅历的丰富。经历是最好的老师，它能让女人开阔视野，明白事理。

有人说，人世间不幸的事如同一把刀，它可以为我们所用，也可以把我们割伤。那要看你握住的是刀刃还是刀柄。当我们陷入生活的逆境之中的时候，如果你能够以乐观的心态来面对，那么这么生活中的磨难就会是你成长中的财富，在你以后的旅途中，它也会是你的精神的财富。

风雨过后才会有彩虹。一个女人，只有经历了苦难和逆境，才能不断地成熟和完善。没有这些逆境的磨炼，女人就会显得平庸和浅薄，而多一份经历就会多一次磨炼，多一次积累经验的机会，一次经历就是一份财富，能够让女人受益终生。所以，一个女人在遇到生活中的逆境时，不要怨天尤人，不要抱怨生活艰辛，相信风雨之后总会见彩虹，苦寒之后定会有扑鼻的梅花之香。

第六章

不因不被欣赏而抱怨，就会赢得他人拥护
——智慧的女人不抱怨

有位名人说，每个人内心最渴望的就是受到别人的赞美和欣赏。然而，由于每个人来到这个世上所处的环境不同，往往处在底层的人，更渴望能够得到高层的人或是世人的赞美和欣赏。作为一个女人，当由于自身条件而不被他人欣赏和尊重时，你要做的不是怨天尤人，自甘堕落，而应使用自信来装点自己，让自信成为自己的化妆品。自尊自强，努力有所作为，只有这样，你才会真正地被他人尊重和欣赏。

女人要首先学会欣赏自己

为什么你总是低着头？为什么你总是觉得自己满身缺点？为什么你总是困惑别人不欣赏你？难道你真的就一无是处？事实并非如此。在这个世界上，优秀的女人并不一定样样都比别人强，而是她们对自己已有的一切优点都很满意，她们相信自己是优秀的，于是她们就真的变得很优秀了。所以，当别人不欣赏你的时候，不要抱怨，你首先要学会欣赏自己。

很多时候，欣赏自己是从欣赏自己的外表开始的。只要我们欣赏自己的外表，你就会为你拥有这么一个健康的外在而自豪，你就会摒弃商业文化的干扰，即使与时下的流行时尚背道而驰，也毫不在意。这并不表示你标新立异，而是你懂得热爱自己。如果你觉得自己很重要，有价值而且出色，那么你就不需要遵循潮流，而是全力展现自我的价值，这等于你能够爱自己，更能去爱别人。到那时，你的付出就不会掺杂自私自利的目的，因为你不是为了别人的感谢或报酬而做，而是助人、爱人的行动会为你带来真正的快乐。

热爱自己的女人，懂得自我欣赏。懂得自我欣赏的女人光彩照人，落落大方，灿烂的笑容里有一股高贵的气息，让男人在仰慕的同时又有些敬畏。

金·奥特雷刚出道之时，非常想改掉得克萨斯的乡音，成为一个像城里的绅士一样的人，便自称为纽约人，结果大家都在背后耻笑他。后来，他开始弹奏五弦琴，唱他的西部歌曲，开始了他那了不起的演艺生涯，成为在电影和广播方面最有名的西部歌星之一。

他的成功经历让我们明白：如果你没有自我价值感，不爱自己，那么，付出就成了不可能的事。你可以用你热爱自己的能力，向你所有的自我感觉挑战。无论在任何时间、任何情形之下，憎恶自己的心态绝不会比爱自己的心态更健康，厌恶自我只会为你带来无止境的伤害。不要憎恶自己。更不要把错误行为与你的自我价值混为一谈，错了并不代表你一无是处。

作为女性，在生活中不要抱怨没有人欣赏你，而是要学会欣赏自己，多为自己喝彩，多给自己一些掌声，这样，在你的人生道路上才会更加精彩。

在一所学校里，有一个女孩名叫陈平，她的长相在美女如云的班里显得很平常，她只是一棵不起眼的小草儿。而且她成绩平平，无法获得视分数如命的老师的欣赏。除了会写几首浪漫小诗自我欣赏外，没有其他特别突出的技能，既不会唱歌，又不会跳舞，更没有男孩追。她没有朋友，所以内心很寂寞。

她的生活显得很平淡，没有多少色彩的装点。然而有一件事却改变了她一直以来的想法。一天清晨，她拉开门，惊讶地发现门口摆着一束娇艳欲滴的红玫瑰，旁边还有一张小小的卡片。她迅速地将花和卡片拿到自己的房间，轻轻地打开卡片。上面写着：陈平，你好，其实一直以来我都想对你说一声：我喜欢你。但却没有勇气，因为你的一切让我深感自卑。你那平静如水的眼神，你优美的文笔，你高雅的气质。让我很难忘记。所以，我只能默默地看着你——一个喜欢你的男生。

她仔细地看了一遍，看完之后，陈平心里怦怦直跳，她从来没有想到，在别人的眼中自己竟有那么多优点。从那以后，陈平开始主动和同学交谈，成绩也进步很快，慢慢地，老师和同学都开始欣赏她、喜欢她了。高中毕业以后，她考上了大学，凭着那份自信，她在学校尽情发挥自己的才能，赢得了许多男生的爱慕。大学毕业后，她找了一份很满意的工作，并且找了一个深爱她的丈夫。

陈平一直有一个心愿，就是找出那个给她送花的人，想感谢他让她重新找回了自信，要不是那束花，现在的一切或许只是一种憧憬。有一天，她无意间听到了爸妈的谈话。妈妈说："当年你想的招儿还真有用，一束玫瑰花就改变了她的生活。"

听到这些，陈平的心里有激动也有高兴，怪不得那字看起来那么熟悉呢！但一束玫瑰花的作用真那么大吗？当然不是，是自信转变了陈平的生活。其实，是否相信自己比想象中还优秀，这就是一个心态问题，而事实上，女人有什么样的心态，就会有什么样的生活和命运。那么，女人何不自信一点，成就自己的美丽人生呢？

站到更加客观的角度去吧，不只看到自己的不足，更要看到自己的璀璨。你或许不漂亮，但是你聪明；你或许不聪明，但至少你善良；你虽然不会做饭，但你刷碗刷得很干净。既然你有这些能做得好的事情，那何必总觉得低人一等呢？

现实中，有很多的女人，因看到有些东西别人有自己没有而感到自卑，进而开始抱怨自身的条件。然而，她们忽略了自身的特质，看不到自己所散发出来的光辉。她们总需要人来送一束玫瑰，却忘记了自己也可以成为给自己送花的人。

提起汤加丽，相信很多人都知道，她是"全裸写真第一人"。她的好身材是人们所公认的，但有谁知道，其实在出名之前，汤加丽曾经对自己的身材也是很没有自信的。

汤加丽那本非常火爆的人体写真的拍摄过程，是一件极其偶然的事。当时一个网站做演员的资料库，汤加丽经朋友介绍前去拍照，正好赶上他们为一个活动寻找内衣模特，见汤加丽条件不错，网站的工作人员就竭力游说，希望汤加丽能拍一组内衣照。

然而由于当时汤加丽的心里很复杂，而且汤加丽对自己的身材并没有信心，她当时有两个顾虑：一是天然的害羞、难为情；二是担心拍出来的片子丢人。但对方一再要求，汤加丽犹豫再三，仔细研究了他们已拍的照片，觉得他们工作态度认真，艺术上也颇有想法，才忐忑不安地答应下来。

拍完之后，汤丽的心里一直很不安，直到看了第一批写真照片，汤加丽才知道自己的身体是什么样子。事情果然正如大家所料，拍摄效果非常好，汤加丽的自信心才一点点地加强。大家都对她说：“你看，你的身材比想象中还要好吧！”于是他们趁热打铁，又动员汤加丽拍摄人体写真。此时的汤加丽才真正认识到自己在身材上的优势，在那一刻，她的信心也增强了很多。于是，在后来的时间里，她答应拍摄了全裸写真。正是这本写真，让汤加丽一夜之间成为家喻户晓的人物，这结果，当然也是汤加丽之前没有想到的。

每个人降临到这个世上，都是独一无二的，都有其独特的潜质，很多时候，只是没有机会被激发出来或者未被发现。这就犹如身处山中的人，只看到了山间一个角落的瑕疵，而看不到整座山景的美丽。等到得到赞美时才发现，原来自己也可以这样美好的。

很多时候，女人都比自己想象中要优秀，所以如果在生活中遇到了困难，不要去抱怨没人欣赏。要相信，肯定和赞美能唤起一个女人内心的力量，从而使女人重新认识自己，活出别样的人生。但不见得每个女人都有这样的好运，能碰到那个激发你潜质的人。而你最终也将会得到别人的欣赏和拥护。所以，还是依靠自己的力量比较重要，这种力量就叫作自信。它可以激发出你更多的潜力，帮你到达成功的彼岸。只有懂得欣赏自己的优点，看到自己的骄傲所在，才能昂起头来，活出精彩的人生。也只有这样，才能够得到他人的拥护和欣赏。

女人要学会主动欣赏他人

爱默生曾说：“每一个我所碰到的人，都在某个方面比我优秀；而在那个方面，我可以向他学习。”玛格丽特·亨格佛也曾经说过：“美存在于观看者的眼中。”正如我们平常所说的，我们在别人身上看到我们所希望看到的东西。要知道，每个人都是相当复杂的综合体，融合了好与坏的感情、情绪和思想。你对他人的想象，往往基于自己对他人的期望。

一个女人在生活中扮演着多样的角色，但是，不管是谁，能够得到大家的欣赏将是对她最高的奖赏。日常生活中，亲人、好友、老板、员工、同事间都需要诚心地欣赏对方，当你真心地喜欢他人时，他人也一定会喜欢你、欣赏你，你也会获得一种深深的满足感。

其实，我们身边的每一个人都有可能是你欣赏的对象。作为女人，在你欣赏他人的时候，你也会得到别人的欣赏，并得到一种深深的满足感和别人的拥护。如果你相信他人是优秀的，你就会在他人身上找到好的人格品质；如果你不这样认为，就无法发现他人身上潜在的优点；如果你本身的心态是积极的，就容易发现他人积极的一面。

李阳是一个很懂得关心、欣赏他人的人，他认为：得到别人的喜欢和敬重是一种幸福，爱别人、关心别人也是一种幸福。要真正地去关心别人、爱别人，激励他们展现最好的一面，只有这样你才会备受他人的关心和爱护。事实上。李阳也一直在这么做。所以，在公司里，他的每一位员工都喜欢、欣赏他，并且同事间也都互相喜欢、欣赏着对方。

喜欢和尊重他人，欣赏他人，使他们感觉到自己备受重视，这样你就会在不花一分钱的情况下，产生意想不到的收获。另外，别人也会加倍地尊重你，以积极的态度对待你。如果你的公司里所有的员工都能够相互欣赏，那么，你的公司将会更加团结并更具有竞争力。

生活当中，你身边任何人的身上都拥有被人所欣赏的特质。希望被人喜欢和欣赏是人们内心深处的渴望。

然而，当由于你自身的问题或是其他原因，没有得到他人的欣赏时，不要抱怨，此时你不妨先学会欣赏他人，因为欣赏是相互的。同时你应该知道，如果你只顾着关心自己，那么，你就很少有时间和精力去关心别人，这时候就造成一种别人想获得你的关心，却无法从你这里获得，那当你需要关心的时候他人也不会关心你了。你如何看待别人，别人就怎样对待你；你要使自己得到重视和欣赏，你就得以同样的态度对待别人。特别是你的老板，如果你欣赏你的老板，而且你也有一定的能力，那么你一定会受到老板的重视。

作为公司的管理者自然会经常对我们的许多做法提出批评，经常会否定我们的许多想法，这些都会影响我们对他做出客观的评价。要知道，他之所以成为我们的老板，一定有许多我们所不具备的特质，这些特质使他超越了我们。所以，在职时要赞美自己的老板，离职后同样也要说过去老板的好话。

公司里有一个员工叫小刘，她的业绩非常好，她在招聘员工方面的经验非常丰富。有一次，在她谈起自己招聘员工的心得，她说："面谈时最能体现出一个人思想是否成熟、心胸是否宽大的，就是他对刚刚离开的那份工作说些什么。前来应聘的人，如果只是对我说过去雇主的坏话，对他恶意中伤，这种人我是无论如何也不会考虑的。"

对以前就职公司的老板做一些无伤大雅的评价未尝不可，但如果这种评价带有明显的个人色彩，就可能变成一种不负责任的人身攻击，就会引起现在老板的反感。如果你对原来的老板有一大堆攻击性的评论，那么你的做法会使你失去很多机会。所有公司都希望员工保持忠诚，每个老板都希望能吸引那些对公司忠诚不贰的员工，而将那些过河拆桥的人拒之门外。如果今天为了谋取一份工作，而将原来的老板说得一无是处，谁能保证明天不会将现在的老板和公司批驳得体无完肤呢?

也许，对于很多人而言，看到他人的缺点很容易，但是能够从他人身上看出优秀的品质，并由衷地欣赏他们的成就时，你才能真正赢得友谊和赞赏。

即使你是女强人，很多时候，也许老板在专业知识方面或者一些其他方面不如你，但是，你要相信，你的老板一定比你优秀和完美。你应该努力去发现他优于你的地方，尊敬他，欣赏他，向他学习。如果我们都抱着这样的心态，即使彼此之间有种种隔阂，有许多误解，也会慢慢消解。

一般情况下，大部分的老板都要比员工更加优秀和完美，也只有更加优秀和完美的人才有机会从员工成长为老板。如果我们能由衷地欣赏和赞美自己的上司和老板，当他们得到升迁，当公司得到成长时，一定会对你有所回报。有许多意想不到的机会都来自于你发自内心地对他人的欣赏和赞美，因为你在他们最需要的时候给予了他们精神上的支持。

有两个人，他们将要搬迁到一个新的小镇上居住。第一个人到了镇上，在一个小商店的门口停了下来，在买东西时和店主聊了起来，他问店主："你们这个镇里的人怎么样？这个镇的风气如何？"

店主没有回答他，反问道："那你以前住的地方，人怎么样，风气好吗？"

第一个人回答道："那儿的人糟透了，更别说什么风气了！"店主听了他的话，对他说道："那么，你在我们镇里也待不长，因为我们这儿的人也是这样的。"

第二个人也同样在商店门口休息，这个人也问了一个同样的问题："这儿的人怎么样？"

店主反问他："你从前住的那个镇上的人怎么样？"

这个人的回答是："他们非常好，我很想留在那儿。"

店主对这人的回答非常高兴，于是对他说："你会发现这儿的人和你以前住的地方一样，你也会喜欢上这儿的。"

任何人都希望自己得到他人的赞赏，都希望他人赞赏自己的价值，因此，我们要用别人所希望的心去对待别人，这样才能换取别人真诚的欣赏。

由于工作上的需要，小李需要去一趟一个性格极其古怪的富人的家里。因为他希望在这位富人那儿得到一些有用的资料。在他去之前，一个以前也认识这位富人的朋友对他说这个富人非常难处，脾气坏极了，让小李不要去找他，可小李却想：也许我有办法让他喜欢上我呢？于是小李找到许多关于这个富人的资料，后来得知，这位富人很喜欢种兰花。

那天，小李到了富人那里，一开始小李把目的说给富人听，但是富人一点都不配合，有一种要把小李赶出去的意思。尽管受到这样的待遇，但是小李还是很知趣，向他告辞以后就打算走了。没想到富人也跟着小李一起出来，当走到花园时，小李指着花园里的花对富人说："我好多次都看到你种的兰花得到大奖，你很了不起，别人种一个品种都很难存活，但是你却种了许多品种，而且种出来的都是最优秀的兰花。"

没想到，富人听到小李的话，非常高兴，于是留下小李，并让小李等会儿再走。并且说他想带小李看看他的花室。在花室里，富人高兴地给小李讲解兰花的品种和各种兰花的种植方法，一聊就是一个多小时。最后，富人积极地整理出小李需要的资料，而且送了小李一株很好的兰花，也送了小李许多种植兰花的资料。就这样，小李通过欣赏富人的爱好而得到了他的认可，也得到了他的欣赏。在后来的日子里，小李和这位富人一直都保持着很好的关系，每年他都会送小李一些其他品种的花。

不可否认，每个人心中都有被别人欣赏的渴望，这也是人之常情。一旦别人帮助你实现了或让你体验到了这种感觉，你一定会对他感激不尽。当别人超过你时，胜过你时，你可以给他一种优越感。但是当你胜过他人时，他们就会产生一种不平或自卑的心理，所以，你需要有一种谦让地对待周围人和事物的心态，鼓励别人畅谈他们的成绩，不要对自己夸夸其谈。

生活是现实的，女人更要学会主动地欣赏他人，同时女人要明白，你用什么样的心态去对待别人，别人也会同样地对待你。所以，在与人交往时，你需要别人知道你的价值，需要别人的认同，需要受到重视和欣赏，那么，你也必须让你遇到的每个人都倍感自己的重要，并且欣赏他们。只有这样，你才会得到他人的欣赏和拥护，很多时候，这样做还会有意想不到的收获。

女人要真诚地赞美他人才会被人赞美

丘吉尔说过一句话："你要别人具有怎样的优点，你就要怎样地去赞美他。"然而，赞美是一件好事，但绝不是一件易事。任何一个人对他人的赞美都不可以夸大其词，应该做到实事求是、真诚而不虚伪，只有这样才会使对方的行为更加规范。受到赞美的人，还会把你所赞美的地方或优点更加努力地去做到更好。同样，对你自己而言，如果没有受到别人的欣赏也不要抱怨，只要你学会真诚地赞美别人，那么，你一定也会受到他人的赞美和欣赏。

赞美是温暖人们心灵的阳光，仿佛用一支火把照亮别人的生活，也照亮自己的心田。在人与人的交往中，养成赞美别人的习惯，真诚地赞美对方，会增强彼此间的和谐、温暖和美好的感情。老板与下属、同事之间如果养成赞美对方的习惯，工作中的积极性、主动性都会有所提高。但是，我们大部分的人都把这种阳光丢在了阴暗的角落里，总是把寒风吹向别人，不愿意施舍一点阳光分享给自己身边的人。

赞美他人，不仅可以使人将自身的能力发挥到极限，也是让人挖掘出潜能的最好办法。

程峰的公司接了一批电脑订单，这是一批数量巨大的订单，如果他们很好地完成了这次任务，将会得到很大的利润，而且还会得到更多的订单。

下订单后，电脑的装机工作进行得非常顺利，但是在接近完工时，生产 DVD 光驱的厂家给他们发来信息说："由于技术性的原因而无法按期交货，只有往后推一个月才可以。"厂家突然推迟交货，急坏了程峰公司的所有人，因为他们知道，另外找人订货已经不可能按时完成订单任务了，只有让这家公司按时送货才能完成。于是双方在长途电话中不断地争论，但经过许多次的交涉，仍然没有任何结果。为此，程峰决定自己前往 DVD 光驱生产厂家，希望得到一个很好的解决办法。

很快，程峰赶到了生产厂家的所在地。见到该厂家经理的时候，程峰并没有争论光驱的问题，而是对经理说："你知道吗？在这里，有鲜文姓氏的好像只有你一个。我在下飞机以后，我随便问了一个人，他就告诉我你们公司所在的地点了。"

"哦，是这样吗？我都不怎么注意。不过，我们姓氏确实是一个不平常的姓。我们家族已经搬到这儿上百年了，当年我的祖父带着一家三口人到了这儿，并且通过他的努力，创下了这家公司，我为我的祖父感到骄傲，对了，你愿意看看我的工厂车间吗？"经理说。

"非常乐意。"程峰回答说。

接着，经理就陪程峰着前往车间，接下来的一下午的时间，程峰和经理观看了整个 DVD 生产的所有厂房，这期间，程峰时不时地对经理给予欣赏和赞美，赞美经理的祖父、父亲和经理自己。后来，经理请程峰去饭店吃饭，并且对程峰说："我知道你来的目的，但是我没有想到我们的相会竟是如此地愉快，你放心吧，贵公司的光驱我一定会按时交货，虽然我们公司会为此而有所损失，可是我仍然非常高兴。"

愉快地结束这次协商之后，程峰赶回了公司。在程峰回公司的几天后，他们收到了 DVD 光驱厂家发来的所有货物，而且比原来所定的价格还便宜，程峰公司也按时完成了他们所接下的订单。程峰的成功完全是通过他的赞美和欣赏而得到的，如果他也像那些脾气火爆的人一样，一见到经理就大闹，结果如何我们可想而知。

我们看到，一个善于赞美和欣赏别人优点的人，一个善于理解和肯定别人优点的人，必然具备了一种被他们尊重和使人很想与之亲近的人格魅力，而他也会受到别人的赞美和欣赏，甚至是拥护。

现实中，很多时候，很多人往往只顾及自己，只看到自己的优点而看不出自己的缺点，更不愿去留意别人的好处，即使是看到了，却往往视而不见，更谈不上给予一些赞美和表扬。这实在是一种可怕的人性弱点。这样，你将永远无法体会到适当地欣赏对手所带来的好处。欣赏别人也是一种美德，一种高素质的表现。特别是在与人交往、同人共事时，它将起着不可忽视的作用。

有时候，我们相信，真诚地欣赏他人的优点，“敌人”也会变成朋友，竞争对手也会变成朋友。

林肯曾说：“把敌人变成自己的朋友是消灭敌人的最佳手段。”所以，学会欣赏对手，不仅说明你有一颗真诚和上进的心，而且也说明了你是一个很有智慧的人。能看到别人的优点，就是对自己的参考，对自己缺点的发现，这样才有利于你加紧弥补自己的不足，才能使以后做得更完美些。更重要的是引起了对方对你的信任和理解，在为人处世时，这是非常重要的，这样也会因此得到他人无私的帮助，甚至是拥护。

有这样一个天才的面包师，自打一生下来，就对面包有着无比浓厚的兴趣，闻到面包的香气就如醉如痴。

长大后，他如愿以偿地做了面包师。他做面包时，要有绝对精良的面粉和黄油；要有一尘不染闪光晶亮的器皿；打下手的姑娘要令人赏心悦目；伴奏的音乐要称心宜人。四个条件缺一不可，否则按他的话说酝酿不出情绪，没有创作灵感。

他完全把面包当作艺术品，哪怕只有一勺黄油不新鲜，他也要大发雷霆，认为那简直是难以容忍的亵渎；哪一天要是没做面包，他就会满心愧疚：嘴馋的孩子和挑剔的姑娘只能去吃那些粗制滥造的面包了。他从来不去想今天少做了多少生意，然而他的生意却出人意料的好，超过了所有比他更聪明、更迫切赚钱的人。

这一下子，引来许多竞争者的羡慕，而更多的却是嫉妒。其中詹姆斯·杰克对他更是恨之入骨，因为他把生意全给抢跑了，自己那原来红红火火的面包铺一下子变得冷冷清清。这能不使詹姆斯生气吗？

詹姆斯回到家里，满脸的怨气和失望。妻子见他这样，很是纳闷，便不解地问说："你怎么了，今天生意不好吗？"

本来他就一肚子气，这下可找到了倾吐的对象，于是他一股脑地把怨气都说了出来。妻子听完没有出声，只是默默地想了一会儿，然后开口说："你不要生气了，人家生意好，说明人家的面包好吃。你眼前最主要是提高面包的质量来吸引顾客，要不，你就去拜访一下那个面包师，和他交流交流。不要用仇人的眼光看待这一切，天下同行本来就是一家人，我相信只要你是诚心诚意地去拜访，他不会拒绝你的。"

妻子的一番话虽然有道理，但詹姆斯仍然不愿意低头，他认为他们是对手，是竞争者，是不可能心平气和地坐下来交流的。

接下来的日子，詹姆斯还是那样早出晚归，兢兢业业地工作着，可生意还是那么冷清，无一点好转的迹象。终于经过几天的思考，他不得不佩服对方的手艺好，下决心去沟通一下，学点东西。

于是，第二天，詹姆斯便怀着忐忑不安的心情去见了那个面包师，那个面包师也吃了一惊，不过他很友好地接待了詹姆斯。

"这些天，你的生意很好，我不得不佩服你的手艺。"詹姆斯怔怔地说，"今天，我来此地，想请教你，不知你是否同意向我传授一些？"

"没什么！只要你愿意，我们可以交流一下，说不上什么请教，咱们都是同行，应该算一家人，有钱一块儿挣嘛，世上的钱是永远挣不完的！"面包师微笑着说。

就这样，两人越说越投机，最后面包师把自己的做法大致说了一下，并嘱咐詹姆斯要尽量细心。回到家后，詹姆斯便着急动手，做出的新面包果然味道比以前的好，就这样，渐渐地购买者也多了，生意恢复了火热。于是，他带着诚挚的谢意来见面包师，并一再赞扬和欣赏他的手艺与众不同。最终，这两人成了好朋友。

其实，在生活中也是这样，只要用心去交流，真诚地欣赏对方的优点，敌人也会变成朋友的，竞争对手也会变成朋友的。那么，在你与人共事时，请不要忘记，一定要适当地赞扬和欣赏你的对手，同时，你也会得到他人的信任和帮助，甚至是拥护。

每个人的内心深处都有一种希望被称赞和欣赏的渴望，而且每个人都有值得称赞和欣赏的地方，你也一样。当你赞美一个人时，就意味着你对他优点的肯定，意味着你也将得到他人的赞美和肯定。所以，赞美是温暖人心灵的阳光，赞美也像是沙漠中的一泓甘泉滋润你的心灵。要想得到他人的赞美和欣赏，不妨去真诚地赞美和欣赏他人。

女人，当你还在为没有被人欣赏而苦恼和抱怨的时候，努力做一个智慧的女人吧。你不妨学着真诚地去赞美和欣赏别人吧，因为你的赞美和欣赏，使别人得到了心灵的需要和满足。而当你做到这些之后，你会发现，你自己在某个时候也会得到他人的赞美和欣赏。

女人要让自信成为自己最美的气质

俗话说，“金无足赤，人无完人。”世界上没有人是完美的。然而，在生活中，很多女人对自己的容貌和自己的能力有着很深的自卑感，她们总是盯着自己的缺点不放，并将其无限扩大，认为自己处处不如人。而真正自信的女人则不会因为相貌平平而感到羞愧，不会因为年龄的增长而自卑，不会因为增加了一道皱纹而烦恼。自信的女人无论是在生活中还是在工作中都容易取得更大的成功。一个女人，要想被别人欣赏，就要学会让自信成为最美的气质。

自信的女人最美，自信可以让女人更妩媚动人、光彩照人；也可以让女人更坚强、更有勇气地去面对生活中所遭遇的苦难，在挫折面前不低头；更可以让女人不断地完善自己，努力使自己日趋完美。有自信的女人总是能坦然面对生活所赐予她的一切，甜也好苦也好，喜也好悲也好，痛苦也好快乐也好，都有勇气去承担，不会失去继续向前的动力。同样，自信让她们拥有一种特有的气质，一种具有震慑力的吸引力。自信的女人也许没有漂亮的外表，却拥有令人折服的内涵，那种内涵足以使他人钦佩、爱慕。

自信原本就是一种美丽，当你昂着头的时候，已经展现出你的魅力了。无论是贫穷还是富有，无论是美若天仙还是相貌平平，只要你昂起头，自信就会使你变得可爱——因为自信可以让女人拥有一种特殊的气质，一种具有震慑力的气质。

说到吴士宏，相信很多人都会知道她。吴士宏的人生充满了坎坷和艰辛，也充满了自信和坚强。她原本只是北京椿树医院一个只有初中文凭的小护士，1985 年通过自学英语进入 IBM 公司任勤杂工，然而她凭借个人非凡的努力，不断改变着命运，到 1997 年已经成为 IBM 公司中国销售渠道总经理。1998 年吴士宏出任微软（中国）公司总经理，1999 年 6 月辞职。在经过 IBM、微软两个外企 14 年白领生涯之后，吴士宏于 1999 年 10 月出任大型国企 TCL 信息产业集团总裁，更把本已很传奇的故事推向了新的高潮。

吴士宏从一个未受过正规高等教育、没有任何背景的普通年轻女子，到 IBM、微软两个巨型跨国公司的地区负责人，她的成功，除了缘于过人的胆识、聪颖的头脑，还跟她的自信有着密切的关系。

参加 IBM 的面试时，吴士宏初生牛犊不怕虎，经理问她："你知道 IBM 是家怎样的公司吗?" "很抱歉，我不清楚。"吴士宏实话实说。"那你怎么知道你有资格来 IBM 工作?""你不用我，又怎能知道我没有资格?"吴士宏脱口而出，这话自信十足。她接着继续用英语说，她以前的同事和领导都相信她有能力做更多的事，她说能通过自学考试就是能力的证明，如果给她机会，她会证实自己的能力和资格的，IBM公司或是别的公司如果用她一定不会后悔的。就这样，她被告知：下周一上班！“天生我材必有用。”吴士宏充满自信的言语给予主考官的是一种信任和认同感。

吴士宏用她自己的成功经历告诉我们，自信是一种财富，女人如果能利用这笔属于自己的财富，不断地挑战自我、战胜自我，那么任何困难都将变得微不足道。的确，对于任何一个女人来说，幸运都不是天赐的，一切都要靠自己。也许你各方面的条件并不优越，但你没有理由自卑。如果你的心中埋藏着自信的种子，那么，总有一天，你也会和打工皇后吴士宏一样，收获属于自己的丰硕果实。

对于那些事业有成的女科学家、女企业家、女作家以及在舞台银幕上耀眼的女明星们来说，自信使她们更美丽、更健康，也更加出色。而街市上那些青春勃发、魅力四射的少女们，则用她们骄人的自信为城市增添了一道道亮丽的风景线。相信自己，坦然地面对注视。如果出门前已照过镜子没有问题，那么路人对你的注视就是因你的外表吸引而起，并非你的形象出现问题，得到的注视越多，证明你的美丽指数越高。坦然面对注视非常重要，这是起码的自信。

善于发现自己的闪光点。每个人都有过人之处，在仪表上千万别“以己之短度人之长”，只要扬长避短就能塑造美好形象。闪光点可以是优雅的气质、“来电”的目光，可以是高挑儿的个头、匀称的身材，更可以是白皙的皮肤、大大的眼睛、性感的嘴唇、小巧的鼻子……如果你认为自己从上到下一无是处，有问题的一定不是创造你的上帝而是你自己。

在当今社会，靓丽的女子到处都有，但是如果一个女人虽有花容月貌，却空虚、懦弱、缺乏自信，那么她的美丽将大打折扣。相反，一个充满自信的女人，无论走到哪里，身上都笼罩着一种别样的美丽光环。

吴薇，一个纯情清秀，落落大方的女孩，普通得就像一个邻家小妹，然而她却有着出众的美，这是来自于她的自信，她的聪慧和她的踏实平淡。

2003年，她在“环球小姐”中国赛区的比赛上赢得“环球中国小姐”的称号。“环球小姐”大赛被誉为全球现代时尚文化的象征，是当今规模最大的世界级选美赛事，已成为与奥斯卡奖具有同等知名度的全球性文化活动。能得到这份殊荣，参加这一盛会实在是许多女孩子们梦寐以求的事。年仅23岁的福建女孩吴薇就是以首位官方认可的身份代表中国参加在巴拿马举行的第52届世界环球小姐比赛，与来自71个国家的佳丽们同台展示美、传播爱，令多少人羡慕不已。

当问到她夺冠最大的优势是什么，她笑着回答说：“自信是对美丽最好的表现。”她在赛前接受采访时说：“不管如何，我想我都会坦然地面对，我都会很高兴，我会笑到最后。”

“其实我始终都认为自己是个平常人。环球小姐就是为我这样的普通女孩准备的，每个自信的女孩子都能站到这个舞台上来，我得了奖，是我刚好得到了一次机遇。”

吴薇本是福建兴业银行的一名普通信贷员，根本谈不上什么舞台经验、模特经验。然而就是发自她内心深处最自然、最朴实的自信，让她的微笑与魅力最终打动了评委。

其实，很多时候，阻碍女性在社会上成功的，往往是存在于女性心理上的障碍，最重要的一点就是她们缺乏自信。那些浑身上下充满自信的女人，总能游刃有余地掌控自己的命运，相反，缺乏自信的女人却总是被命运捉弄。

女人要相信，自信的女人是最美丽的女人，要让自信成为自己最美的气质。当你昂着头的时候，已经展现出你的魅力了，你所散发出来的美丽是不会因外表的平凡而有丝毫的减少。无论是贫穷还是富有，无论是美若天仙还是相貌平平，只要你昂起头，自信就会使你变得可爱。自信可以让女人拥有一种特殊的气质，一种具有震慑力的气质。这是由内心深处散发出的“强者”的光辉，拥有自信和坚强的女人，是人间另一道更吸引目光的美丽风景。所以，做一个智慧的女人吧，不要再因为自己的外表不被欣赏而去抱怨，当你懂得用自信来装扮自己的时候，你就会赢得他人的欣赏和拥护。

女人要用自信赢得他人的欣赏

生于世界上，存于宇宙间，你拥有的不比别人多，也不比别人少，只要你勇于自信地展示自己的风采，那么，你就没必要去仰视和羡慕任何人。凡事只有相信，才有可能。你之所以没办法成为站在舞台上的耀眼明星，是因为你从来都不相信自己有这方面的潜能。如果你觉得自己还没有人欣赏，那么不要抱怨，只要你有自信，有勇气做自己，做最棒的自己，你终有一天会被他人仰慕和欣赏。

在人生中，或许你天生不是一朵芳香四溢的花，只是一片用来陪衬的绿叶，但是即便这样，你也要相信自己是美丽的，因为你是这个世界上独一无二的。每个人都有自己的风格和特点，自然的东西才具有个性，才与众不同，才有强烈的吸引力。无论如何，你都应该保持本色，做自己才是最美的。

要相信自己就是最棒的，敢于展示真实的自己。也许你没有漂亮的容颜，但是你有优美的嗓音；也许你没有窈窕的身材，但是你有一颗善良的心灵，总之你是独一无二的，是无可替代的，这是只属于你的美丽！

在20世纪，安德森是一个的模特公司经纪人，在一次模特选秀上，却出人意料地看中了一位身穿廉价服装不拘小节不施脂粉的大一女生。

这位女生来自美国伊利诺伊州一个蓝领家庭，她从没看过时装杂志，不懂什么是时尚，更没化过妆。这都不重要，重要的是她天生丽质，浑身散发着清新的天然香味，但是唯一美中不足的是她的唇边长了一颗让人“触目惊心”的黑痣。

安德森将这位女生介绍给经纪公司，却遭到了一次又一次的拒绝。原因大都是因为她唇边的那颗黑痣。但是他下定了决心，要把女生及黑痣捆绑着推销出去，他有种奇怪的预感：这颗黑痣将成为她的标志。

安德森给女生做了一张合成照片，小心翼翼地把大黑痣隐藏在阴影里，然后拿着这张照片给客户看。客户果然很满意，马上要见真人。可真人一来，客户就发现“上了当”，客户当即指着女生的痣说：“我可以接受你，但是你必须把这颗痣去掉。”

在当时，激光除痣其实很简单，无痛且省时，当这位女生和安德森商量把这颗痣除掉的时候，安德森态度坚决地对她说：“你千万不能摘下这颗痣，将来你出名了，全世界就靠着这颗痣来识别你。”

再后来的模特生涯中，这个女生在几年后果然红极一时，成为天后级的人物。她就是名模辛迪·克劳，她的长相被誉为“超凡入圣”，她的嘴唇被称作芳唇。其芳唇边赫然入目的是那颗今天被视为性感象征的桀骜不驯的大黑痣。

有一天，媒体竟然盛赞辛迪有前瞻性眼光。而辛迪回顾从前，不由得倒抽凉气，在她的成名路上，幸好遇到了“保痣人士”安德森。如果她摘掉了那颗痣，就是一个通俗的美人，顶多拍几次廉价的广告，就淹没在繁花似锦的美女阵营里面，再难有所作为。

这个世界上有几十亿人，每个人都是不同的，也正是因为这些差别才使得这个世界丰富多彩，美好无比。为了迎合别人而抹杀自己个性的人，就如同一只电灯泡里面的保险丝烧断了一样，再也没有发亮的机会。无论如何，你要保持自己的本色，坚持做你自己，做最棒的自己。

现实中，很多女人总是自怜自怨，认为自己从头到脚，从里到外，一无是处。其实并不是她们真的没有优点，没有可爱之处，只是缺乏自信罢了。自信是一种力量，一种可以让人生变得异常美丽的力量。

索娅的家庭不富裕，由于没钱去买漂亮的衣服和装饰品，她总觉得自己暗淡无光。一天，索娅依旧耷拉着头沿着走廊走着。一块标着“吸引异性物”的招牌挡住了她，牌后放着一些丝带，周围摆着各式各样的蝴蝶结，牌上写着：各种颜色应有尽有，挑选适合你个性的颜色。

索娅在那儿站了一会儿，尽管她有勇气戴，但还在为母亲是否允许她戴上那又大又显眼的蝴蝶结而犹豫不决。是的，这些缎带正是伙伴们经常戴的那种。

女售货员看到有顾客来了，便亲切地说：“亲爱的，这个对你再合适不过了。”

索娅有些犹豫地回答说：“噢，不，我不能戴这样的东西。”说话的同时她却渴望地靠近一条绿色缎带。

女售货员好像看出了索娅的心思，说：“哟，你有这么一头可爱的金发，又有一双漂亮的眼睛，你戴什么都会好看。”也许正是因为售货员说了这几句话，索娅把那个蝴蝶结戴在了头上。

女售货员接着又说：“亲爱的，你要记住一件事，如果你戴上任何特殊的东西，就应该像没有人比你更有权戴它一样。在这个世界上，你应抬起头来。”索娅照售货员的话去做了，之后，女售货员赞同地点点头，说道：“很好，哎呀，你看上去真美。”

望着镜中的自己，索娅决定买下这个缎带。付款后她快步走出店门，就在店门口与一位拿着许多包裹的妇女撞了个满怀。但是索娅完全没有在意这个，而是来到了她一直想来的那个咖啡馆。这儿是镇上每个姑娘都知道的地方，因为杰克——大家都喜欢的一个好小伙每个星期六下午都在这儿。

当索娅到达咖啡馆的时候，杰克果然也在，索娅在另一端坐下来，要了一杯咖啡。很快她感觉到，杰克转过身来在望着她。索娅笔挺地坐着，昂着头，仿佛在提醒别人去注意她头上的那绿色缎带。

“嗨，索娅！”

“哟，是杰克呀！”索娅装出惊讶的样子说，“你在这儿多久了？”

“整个一生。”他说，“等待的正是你。”

“奉承！”索娅说。她为头上的绿色缎带而感到自负。

不一会儿，杰克在她身边坐下，看起来似乎他刚刚注意到她的存在，问道：“你的发型改了还是怎么的？”

“你通常都是这样注意我吗？”

“不，我想正是你昂着头的样子。似乎你认为我应该注意到什么似的。”

索娅感到脸红起来：“这是有意挖苦吧？”

“也许。”他笑着说，“但是，也许我有点喜欢看到你那昂着头的样子。”大约过了10分钟，真令人难以相信，杰克邀她去跳舞。

这是个让索娅非常高兴的一个夜晚。她高兴地回到家里，由于非常兴奋索娅想在镜子跟前欣赏一下带给她美丽的绿色缎带，令她惊奇的是，头上什么都没有——后来她才知道，当时出店门时，绿色缎带就被撞掉了……

现实中，你或许经历失败的打击，至今仍觉得伤口隐隐作痛；不论走到哪里，你都觉得背后的目光写满鄙夷，因此总是低头小跑，不敢回头去看别人的眼神和自己的影子；你总是渴望被人赞美或是赞美别人，唯独不肯自我欣赏。就这样，自卑便深深地禁锢着你的呼吸。所以，女人们，尽早地尝试着昂起你的头吧，当你面对镜子露出灿烂而自信的笑容时，你会发现，原来自己也可以如此美丽。

杨澜是一个富有传奇色彩的女性，也是众多成功女性的代表。当初杨澜进入中央电视台“正大综艺”栏目的时候，只是一个北外毕业的大学生，青涩、单纯。其实从外表来说，当时在很多备选者中，杨澜并不是最出色的一个，外貌五官也不是最漂亮的。但是杨澜一直从内而外透漏的一种淡定自信，给很多评委留下了很深的印象。大家都评论当时的杨澜，她虽然有点羞涩，但是从来不怯场，也不自卑，浑身上下透露出性美和内涵美。很多比她漂亮的女孩子跟她的淡定从容比起来，很快就黯然失色了。

当选拔进入到最后的时候，有一个从外貌、形象还有其他素质方面都比她强的女孩子和杨澜一起进入了决赛。当时抓阄决定，杨澜是第一个入场的，很多中央电视台的领导和评委都坐在那里，可是杨澜仍然很自信，她从容地回答了所有评委和考官的问题，之后对自己进入央视的感受做了演说。表现让所有评委都很满意，所以另外一个选手根本就没有入场，大家就决定选她做栏目的主持人了。

自信是一种精神状态，它使人的内心饱满丰盈，外表光彩照人。自信的女人从容大度，舒卷自如，双目中投射出安详坚定的光芒。生活中没有完美的人，我们只是在不断追求完美，所以，不要再为腰围、青春痘或是单眼皮而伤脑筋了，整体形象比任何局部都重要。经过这么多年的探索，应该相信自己已拥有协调的整体形象，我们要做的只是锦上添花。

女人们，当你还处在不被人欣赏的处境当中时，不要抱怨，也不要对自己失去信心。只要你想实现自己的梦想，那就先树立起自信。或许，你没有比别人更优越的条件，但是只要你还有自信，就要用自己的自信赢得他人的欣赏。只要你相信自己，你就无所不能。只要你能将自信的一面展示出来，你一定会是最闪亮的那颗星。

有自我的重视，才会有他人的欣赏

女作家张晓风曾说：“要让别人爱你，首先你要爱自己；要让别人重视你，首先你要重视自己。”我们还可以说，要想让别人欣赏你，你自己首先要欣赏你自己。在这个世界上，很多都是以我们自己为出发点的，如果你连自己都看不起，自己都不爱自己，你又何谈让别人去爱你，去重视你呢？女人要懂得，有自我的重视，才会有他人的重视和欣赏。

在这个世界上，我们可以将女人分为两种，自卑和自信的女人。自信的女人总是走路高昂着头，她们相信自己能够征服一切，她们以自己的世界为中心，爱自己，珍视自己，关怀自己，这样的女性，她们无论走到哪里，都会在众多人当中脱颖而出，获得自己想要的一切。她们的自信能够帮助她们在人生的路上不断攀爬，最后获得成功。

我们看到，她们的自信同样让她们获得周围人的尊重和欣赏。而自卑的女人总是低着头，她们不相信自己能改变任何事情，她们万事以别人为准则，她们轻视自己，怀疑自己，她们无论走到哪里，都不会得到重视，得到尊重。

曾经有一个女孩，只有20岁出头，但是她却因贩毒被判了终身监禁。当记者问，她为什么要去贩毒的时候，她哭了，她说是男朋友逼她那么做的，如果不做，男朋友声称要离开她。但是经过记者的详细询问，才知道这个女孩子从小无父无母，和爷爷奶奶生活在一起。从小缺少父母关爱的她一直很自卑，到学校里很多同学都叫她野孩子。她学习成绩也不好，也不知道自己能做什么。小学毕业，她就没有再读书了，而是到处去帮人打零工赚钱。在这个过程中逐步认识了一些社会小青年，教她抽烟、喝酒。她不知道自己的人生意义在哪里，更不知道自己的目标在哪里，每天都是得过且过。但是她18岁的时候，认识了男朋友阿彪。阿彪是黑社会的，也不是什么好人。但是女孩觉得在这个世界上总算还有人关心她，爱她。于是，阿彪让她做什么她都做。终于有一天，阿彪让她携带毒品到泰国。并且要挟说如果她不做就永远离开她。女孩只好顺从了，最后却因此葬送了自己的前途和人生。

这个女孩的故事是可悲的。她不知道，要想得到别人的尊重和重视，首先就要做到自己尊重自己，自己重视自己。否则，无论你长得多么漂亮，也不会赢得别人的尊重和欣赏。

在这个世上，我们相信每个女人都希望自己成为一个受人瞩目、令人尊敬的人。但是在现实中我们经常看到，很多女性却很容易自卑自贱，自己轻视自己。那么这样的女性，别人很难去重视她、尊重她，得到的只能是别人的鄙视。

而能够在现实面前自尊自强，充满自信，努力去维护自己尊严的女性却能够赢得人们的尊重和支持。

这是一个真实的故事：在20世纪80年代，一场官司震惊了美国和中国华人界，人们为那个捍卫自己尊严的女孩——杨雪，感到钦佩。杨雪当时是一个到美国上学的华人留学生。她为了勤工俭学，通过中介机构介绍到一个美国家庭去做护理。护理的对象是一个瘫痪的老太太。这个老太太很富有，她有一个儿子，性格乖戾、脾气暴躁，而且有严重的种族歧视观念。

当杨雪到了被护理的老太太的家中时，老太太的儿子看杨雪是个华人，就对杨雪很不尊重，经常说很多辱没人格的话，杨雪每次都很得体地将他顶了回去，维护了自己的尊严。但是有一天晚上，老太太的儿子喝醉了酒，竟然跑到杨雪的房间，试图强暴她，杨雪顽强挣扎。后来，老太太的儿子恼羞成怒，竟然凶残地殴打杨雪。杨雪是一个瘦弱的女孩，在反抗中，她遭到严重殴打，脊柱被打断，左眼球被打伤，浑身瘀青、浮肿……她当场昏了过去，但是这个老太太的儿子却扬长而去，没有采取任何救助措施。第二天，老太太发现了躺在地上的杨雪，才叫了救护车将她送进医院。经过全力救治和调养，过了一段时间，杨雪的伤势好了很多，但是感到受到了人格侮辱的她决定为自己讨回公道。

在她出院时，老太太给她一大笔钱作为赔偿费，试图息事宁人。但是杨雪没有接受，而是把她的儿子告上了法庭。大家知道，那个年代，在美国，华人的权益很难受到保护。很多人都劝杨雪，吓唬吓唬他们，拿一笔补偿金就算了，可是杨雪坚持要通过法律捍卫自己的尊严。她说，“金钱有价，自尊无价”，这句话感动了很多人。

得知这件事后，一个华人律师很同情杨雪的遭遇，找到杨雪，决定免费帮她打这个官司。经过近一年的努力，杨雪自学了美国法律，并且知道了如何通过法律手段维护自己的尊严。后来，经过她在法庭上的辩论，杨雪终于得到了公正的判决，那个老太太的儿子被迫在法庭上向杨雪鞠躬道歉，并且赔偿所有医药费和损失，而且面临着两年的监狱生涯。就这样，一个华人女子捍卫了自己的尊严，得到了整个华人界的尊重。

在人生的路上，我们遇到的挫折和困难很多，如果我们不相信自己，不坚持自己，就只能成为命运的俘虏，将自己的命运交给别人摆布，同时也不会得到别人的尊重和支持。但是如果一个人能够坦然面对挫折和困难，相信自己，坚持自己，不自暴自弃、自甘堕落，那么，她最终能够得到人们的重视，得到人们的尊重。

曾经有这样一个女孩，她从来不做没把握的事。从小学到中学，她从未当过学生干部，也觉得自己不是那块料。可是在进大学后，她却被选为学生议会的议员。这是她承担的最没把握的工作，她觉得自己肯定会干得一团糟。可是，她却又因为表现突出被提升为学生议长。

经过这件事，她明白了，想要成功就需要给自己自信。她本来说话有点口吃，小时候父母想尽了办法都没能帮她改过来，可是她却加入了辩论团，而且要去参加国际性的大专辩论赛。为了能当一辩，她嘴里含着小石头对着大操场疯狂地锻炼语速，结果，她的口吃完全治好了。

她大学毕业的时候，申请考剑桥大学，在参加考试的同时，她还递交了一份自己搜集的世界杂志汇编，结果，她成了所在地唯一一个被录取的学生。剑桥觉得她是对这个机会表达出最大兴趣的考生，也是最自信的考生，觉得她是一个具有成功潜质的人，所以选择了她。

在大学期间，她很想写一本小说，然后把小说改编成剧本，再组织自己的剧团上舞台演出。但之前，她并没有接触过小说，所以她开始学习剧本结构。剧本完成之后，她又开始招募剧团成员，排练剧本的时候，开始联系表演场地……一年之后，她组建的学生剧团在学校大公演，大家都说这是个奇迹。

她也从未接触过西洋舞蹈，但她很想在舞台上扭动灵活的腰肢漂亮地踢踏，刚开始学习时，她全身上下都是僵硬的。一个星期后，就有了新的感觉，再过四周，她已经可以自如地控制每一块肌肉每一个步伐，就这样，她登上了百老汇的舞台。学成回国之后，她觉得自己可以去当作家，于是就投入到了小说的创作之中，转眼就出了十几本畅销书，最终，她成了非常有名的作家。

在这个竞争激烈的社会中，很多时候，别人不会在意你的尊严。所以，很多时候，一个重视自己的人才能得到别人的尊重，一个人只有凭借着自信取得成功，才能够赢得别人的重视和欣赏。这个世界上很多女性都是通过自信自尊自强，最后闯出了自己的一片天地，获得了属于自己的幸福人生。

女人们要清醒一些，这个社会只有自己才会最在乎自己，只有自己才会在乎自己的尊严。当你不被别人重视和欣赏的时候，不要沉迷于痛苦和抱怨之中，而是要拾起你的自信，用自己的实际行动来维护自己的尊严，用自信创造出令世人赞叹的成就。只有这样，你才会赢得更多人的重视和欣赏。只要你自信，自强、自尊，全世界都会为你喝彩！

女人学会欣赏才有美满的婚姻

女性都向往美满幸福的婚姻，但是却不知道维持美满的婚姻最重要的是什么。维持婚姻的因素很多，但是两个人能够彼此欣赏，是其中最重要的因素之一。说到欣赏，很多夫妻在恋爱的阶段都可以彼此欣赏，或者是看中对方的风趣幽默，或者是喜欢对方的开朗活泼，能彼此欣赏对方的外貌、心灵等等一切。正是因为欣赏，所以产生爱慕，才能够让两个人走在一起。

很多时候，女人会抱怨男人不懂欣赏自己，说男人没有眼光。其实，与其抱怨男人不懂得欣赏你，不如你去欣赏男人。只有这样你才会拥有一个美满的婚姻，才会得到男人的呵护。

然而，现实中，很多女人认为相爱便是一切，认为在婚姻生活中只要有爱就会幸福美满。事实上，光靠爱是远远不够的。“为了爱情的持续，婚姻的美满，丈夫固然要取悦妻子，但妻子也要取悦丈夫，至于如何取悦，赞扬与欣赏是一种很好的方式”。

对于一个聪明的妻子来说，她也要对男人进行适当的赞美。当男人完成一件事时，她要真诚地对他说一声：“你真棒！”这样的赞辞会让男人感到温暖和幸福，让他的疲劳感消失殆尽。当女人赞美、欣赏男人时，对男人而言，那是“阳光普照大地的辉煌”。赞美与欣赏，能让真爱更加牢固，也会让真爱永远不老。

我们知道，在每个人的内心深处都是希望得到别人的肯定和赞美的，即使是婚姻当中也如此。赞美是使人奋进、获得动力的源泉。在别人的赞美和鼓励中，人们做事会越做越好，而且越做越有劲头。而在彼此的打击和贬低中，做事会越做越差，越做越没有激情。所以，我们在婚姻当中如果要保持长久稳定的情感，经常赞美和欣赏对方是不可或缺的法宝。

有的女性或许说：“都是大人了，又不是孩子，还需要赞美么？”其实，大人和孩子的心理是一样的，都需要赞美。无论听到赞美对方是否有表示，但是心里高兴是肯定的。而对于男人而言，也是同样的。鼓励和欣赏的话能够让他找回自信，让他心情愉悦，而批评和指责的话则会让他感到自卑，心情很差。

在婚姻生活当中，女人不要总是去抱怨男人，而是要学会去发现对方的优点和好处，并且去欣赏和赞美他，而尽量少去揭对方的短，少去说对方的不足，这样才能维持彼此的好感，也才能够维持长久的婚姻。

不懂得欣赏的婚姻生活中，总是充满了危机。陈翠最近很苦恼，她感到自己的婚姻出现了危机，似乎都已经走到了快崩溃的边缘。陈翠和丈夫结婚快两年了，彼此之间少了刚结婚那种甜蜜，多了很多矛盾。她发现了丈夫身上很多毛病，比如吃饭前不洗手，用过的东西乱丢乱放，做菜难吃等等。但是他每次给丈夫指出来这些毛病的时候，丈夫都会紧绷着脸说，“看我不顺眼你当初嫁给我干什么。”陈翠每次听到丈夫这么说就更生气了，两人就争吵起来，每次都会弄得不欢而散。陈翠有时候都有点不明白，她们当时是为什么要结婚的。

偶尔的一次机会，陈翠看到报纸上有个心理专家，可以为婚姻问题做咨询，于是就前去拜访心理专家。当她把自己的苦恼都跟专家说了后，心理专家对她说，“解决你们之间的问题很简单，只有六个字，那就是夸奖他、欣赏他。”由于她很爱丈夫，所以就接受了专家的建议。

晚上下班，陈翠回到家里，看到丈夫正在做饭，不出她所料，厨房里又是一片狼藉，因为每次丈夫做饭都是如此。但是今天陈翠想起了专家的话，没有像往常一样说，“看你又把厨房弄得乱七八糟，又得我收拾厨房了。”她想想该找什么理由夸奖一下丈夫，灵机一动，就笑着说，“老公，你真勤快，回家就做饭啊！”丈夫听到他这么说，先是觉得有点意外，接着就嘿嘿笑着说，“是啊，我知道你下班回家一定很饿了，所以早点给你做饭。”

陈翠听到丈夫说的话，心里很感动，感到很温馨。她没想到，原来丈夫其实是这么关心自己。如果不说那句夸奖的话，也许她就不知道丈夫是为了她在特意做晚饭的。陈翠觉得专家说得没错，丈夫还是有很多优点的，只是自己平时都忽略了。她连忙说了第二句，“你今天做的菜真好，看上去就有食欲。”没想到丈夫也接着说，“你今天的发型真漂亮，就像我们第一次约会时候一样。”陈翠高兴坏了，她没想到夸奖真的能够带来这么大的魔力。她已经很久没有听到丈夫称赞自己了。

我们看到，陈翠的丈夫并不是看不到她的优点，只是她总是挑丈夫的毛病，总是抱怨丈夫，所以丈夫也就没有心情去称赞她了，更不用说欣赏了。陈翠当天晚上开始尽量去搜集丈夫的优点，她开始发现，其实丈夫很顾家，一下班就往家跑；丈夫也很能干，在工作上表现很突出；丈夫很正派，从来不在外面拈花惹草……想到这些，她越来越觉得丈夫很可爱，越来越觉得丈夫是天下最好的。

陈翠找到他们婚姻生活中的症结所在后，她不再抱怨丈夫不懂欣赏，没有眼光，而是经常夸奖赞美丈夫，当然，丈夫也用同样的态度回报她，他们之间的感情越来越好，又恢复到结婚之初的甜蜜了。

作为女人，要想维持婚姻的幸福，不是去抱怨丈夫，盯着对方的缺点不放，而是要努力看到对方的优点。即使一个人在别人眼里多么不好，多么差，你作为他的妻子，你都可以发现他身上的优点并且赞美他，去欣赏他。做到这些，对方自然会欣赏你，拥护你。

人们常说，“世界上不是没有美，而是缺少发现美的眼睛”。作为一个女人，只要你用心，你会随时发现对方身上的亮点，然后称赞其所长，赞美其所好，赞同其所想。如果你感叹自己的婚姻如同一潭死水，不妨轻轻地把赞美投进去，随时欣赏爱人所做的一切，你一定会有一个美好的爱情。

陈霞是一个事业型的女人，整日忙于工作。为了支持她的事业，她丈夫甚至放弃了晋升的机会。她回来晚的时候，他做好消夜等她；每天早上他总是做好了早饭才叫醒她……而她似乎也习惯了。日子一天天过去，一切看上去好像天经地义似的。实质上，丈夫是苦恼的，他不确定她是不是爱他，他想到离婚，只是还没有想好怎么跟她说。

由于她每天都很忙，当她闲下来的时候，她也会抱怨丈夫。因为她觉得自己为了这个家付出了很多，却没有得到丈夫的一句赞美和关心的话。有一次，她在公司里巡视的时候，看到了一本关于欣赏与赞美的书，由于这段时间她的确太累了，于是就看了看。看着看着，她突然间意识到自己不应该抱怨丈夫不懂得欣赏和关心她，而是应该用全身心的爱去欣赏、赞美丈夫，他为她默默付出了那么多。

这一天，回到家后，她第一次做了一顿丰盛的晚餐。丈夫回来后，感到很吃惊。吃过饭后，她也第一次没有去电脑前工作，而是与丈夫说了这样的话："我有今天的成就，都是因为有你。我感谢你的支持，感谢你的爱。我知道，你是最好的丈夫。这些年，我一直坦然地接受你的爱，但总是不好意思表达，我希望你知道，你是我最爱的人。如果有来生，我一定还要嫁给你，你是我一生最爱的人……"

丈夫听了之后，非常感动，他紧紧地拥住了妻子，他知道，她还是爱他的。他在想，明天一早，我就把办公桌里的离婚协议书烧掉。陈翠也在想，以后我一定对丈夫所有好的地方加以欣赏与赞美，对丈夫的帮助表示感谢。

女人要懂得，每一段婚姻都来之不易，需要我们努力去经营。欣赏之情，如高山流水觅知音，丈夫便是你的伯牙；欣赏之情，如含苞待放的花朵，必须在适合的环境里才能绽放。欣赏之情，犹如一杯清茶，让夫妻之间的情感飘出一缕幽香；欣赏之情，如冬日里的一抹朝阳，给婚姻增添温暖的色彩。

作为一个女人，如果你想维持好自己婚姻的美满，那么就不要抱怨你的丈夫，不要抱怨他不懂得欣赏你，不要抱怨他没有眼光，这对于你们的婚姻和爱情都是没有好处的。你要做的就是去欣赏你的丈夫，去赞美你的丈夫。当你做到这些之后，你会发现，原来你的丈夫其实也在欣赏你。

独立自主才能赢得别人的尊重和欣赏

在这个世界上，女人喜欢依赖男人，男人也喜欢女人的依赖，但这一切是要有个度的。聪明的女人懂得，真正的幸福是与爱人共同创造生活，要自己独立才能在婚姻中站得更稳。

说到女人的独立，很多人就会想到一个高举旗帜、坚决与男人进行抗争的女人形象。这种形象曾在全世界被广泛宣传，以至于不少人认为女人独立就是那个样子。实际上女人独立并不在于与男人的抗争，而在于找准自己的位置。然而不管怎么样，一个女人只有能够独立自主，才会赢得别人真正的尊重与欣赏。

“独立”、“自主”的能力不是天生就具备的，它需要经过时间的磨炼、成长的历程才能发展、完善起来。只要具有了这种独立自主的能力，并能够努力有所为，就一定能够得到他人的尊重和欣赏。

说到拉梦娜·巴努宜洛斯，很多人会投来钦佩的眼光，她是墨西哥人，后来担任过美国财政部长。然而，在这之前，她也曾有过一段艰难的经历。当时，迫于生计，她和丈夫、孩子一起移民美国。当他们抵达得克萨斯州边界艾尔巴索城的时候，她丈夫遗弃了她，留下她束手无策地面对两个嗷嗷待哺的孩子。22岁的她带着不懂事的孩子，饥寒交迫。

由于她没有经济来源，经过一番折腾，她的口袋里剩下的钱已经不多了。虽然口袋里只剩下几块钱，她还是毅然买下车票前往加州。她在一家墨西哥餐馆里打工，从大半夜做到早晨6点钟，收入只有区区几块钱。然而她省吃俭用，努力储蓄，将每一角钱都存下来。

即便是在这样艰难的环境中，她依然决定要实现一个梦想——自己开一家墨西哥小吃店，专卖墨西哥肉饼。有一天，她拿着辛苦攒下来的一笔钱，跑到银行向经理申请贷款，她说：“我想买下一间房间，经营墨西哥小吃，如果你肯借给我几千块钱，我的愿望就能够实现。”一个陌生的外地女人，没有财产抵押，没有担保人，她自己也不知能否成功。但是幸运的是，银行家佩服她的胆识，决定冒险资助。她25岁起开始经营自己的墨西哥肉饼店，经过15年的努力，这间小吃店扩展成为全美最大的墨西哥食品批发店。

在社会中有这样一种现象，有不少女人，喜欢把男人当作生活中的太阳，但是她们忘了，太阳也有照不到的地方，因此，她们常常失望，常常抱怨。

现实生活中，有些女人无论物质或精神都一味地依靠男人，有的即使物质上独立，但在精神上也过分依赖男人。一旦男人有了问题就像天塌了一样。因为这种依赖造成了男人在家庭里高高在上，女人缺乏话语权与安全感。这很大程度上来自于女性天性的脆弱和感情用事。有人说一个男人很容易一眼就喜欢上某个女人，而女人则常常会慢慢地爱上一个男人。

女人一旦有了爱情，就要把握好两人相处的尺度，人与人之间是有心理距离的，一味地腻在男人的世界里取舍无度必使人腻烦，况且爱情也不是一张永恒的支票，长此下去必将透支。不错，恋爱时的宠爱是女人幸福的源泉，可是爱人之间一旦建构了这样一种相处模式，日子久了，就会让女人产生严重的依赖心理。女人的撒娇一旦转成放纵，无理取闹，这时夫妻之间的危机也就到来。

如果不能拿捏好与爱人相处的尺度，宠爱不但会蒙蔽女人的双眼，最终也将夺走女人为之骄傲的“幸福”。即使在爱情中女人也要让自己摆脱依赖心理，拥有独立性。同时，应该时时想方设法去“刷新”自己。时时“刷新”自己的女人，是一种积累，也是一种保值，更是一种增值。这样的女人，在处理家庭矛盾时不会懦弱，也不会迷失自己，更不会妥协，让生活变成无边苦海。她们会寻求到理智的解决方法，避免不该发生的悲剧，追求自己真正的幸福。

女人不要太在乎和依赖男人，无论是经济上还是精神上。现代女性要学会独立，在人格上也要勇敢、坚强、理性地独立起来。独立了，才容易赢得别人的尊重，也会有更高的家庭地位。

曾经有这样一对恋人。男孩长得很强壮，很多东西一学就会，而且家务也做得非常好。他深深地爱着一个女孩，这个女孩长得娇小可爱，柔情而又妩媚。由于男孩事事都能够做好，所以她事事依赖他，几乎离了他就活不了，他也热衷于对她的呵护。他时刻表现出大男人的果断，她则时刻表现出小女人的温顺。

两人相处一段时间后，决定结婚了。结婚后，他觉得女孩没有以前那么好了，而女孩也开始有些抱怨曾经的那个男孩不再欣赏她了。男孩发现妻子以前万事不拿主意，并不是她让着他，爱着他，而是她并没有主意。不管大事小事，她都要让他来决定，就连吃什么水果，看什么电视，也要让他说了算，否则，就是不吃、不看。甚至她穿什么衣服出门，都要征求他的意见，因为她觉得他的审美观要比自己的好。她的一切喜好都随着他。

由于他要养家糊口，就不能一直在家陪着她了。他整天在外忙着，她在家闲着。家里的水管坏了，燃气打不着了，总是他回家后让物业来人处理。她躲在他背后，快乐地看着那些工人不费吹灰之力地把管道修好。“不懂”“不会”似乎是她的口头禅，因为她觉得他什么都懂，什么都会。即使天塌下来，他也会为她扛着，用不着自己操心。

这样的情况下，只有一个结果，那就是他们的爱情中，他主动，她被动。终于有一天，他感到累了，他对妻子失去了耐心。当她娇滴滴地问他，新买的被子放在什么地方的时候，他大吼：“我不知道！”然后摔门而去。她不知道自己哪里做错了。一直以来，不都这样吗？

男孩这一走，几天都没有回来，她不知所措。不知道没有他，她该怎么过。她害怕失去他，但又不知道如何得到他。

其实，他们的矛盾就是这个女孩太不独立了。作为一个女人，如果没有自己的独立自主，就很容易听从和接受别人的意见，久而久之很容易形成一种依赖心理。若在尊重别人意见的同时，保持一份自己的独立和主见，这样的女人就会让男人感到轻松，而不是难缠。自己能做的事，为什么要处处依赖他？他高兴的时候便罢，若他不高兴了，你又依赖谁？这样的女人，即便是再去抱怨、哭闹，也没有人会去欣赏。

其实，独立自主更多的是精神上的，因为男人是活在物质中，而女人却活在精神里。女人的精神是无比神秘和无比丰富的诱人世界。女人精神独立是对自己的确认。当女人的精神世界被别人支配时，这个女人就十分悲哀了。女人可以在自己的精神世界里建立起一个美好的王国，当她自豪地感觉到自己是这个王国的女皇时，就会在现实生活中找到自信。女人精神独立还体现在她的思想是受自己支配，而不是为别人盲目修改自己的行为。

以冰心、萧红、张爱玲等为代表的20世纪40年代的女作家，早在特殊的经历与艰苦的岁月中，她们就发觉男人这个“靠山”其实是不可靠的，她们告诫女人，应该独立，不要总靠着男人，否则女人将永远没有地位，自然也不会拥有他人的尊重和欣赏。

作为一个女人，要时刻记住，不要无原则地依赖一个男人，不能把自己的一切都押在男人身上。不要依赖男人，女人也应该有女人自己广阔的空间，也可以活出自己的精彩。

女人应该有自己的事业，这样生活才会充实，不要想着去花男人的钱，不要给自己懒惰的机会，自己努力地工作，努力地赚钱，用自己赚的钱把自己打扮得更漂亮，而不是靠男人。

现代女性更要有主见，才不会迷失自己，如果任何事情都要男人做选择，没有自己的观点，只会让他离你更远。女人要有头脑，有思想，有自己的人生规划，不要把你的权利交付给别人，要维护好自己的形象。

在当今这个社会，虽然不像过去那样，一切都由男人做主，但是很多女人依然喜欢依赖男人，没有独立自主的思想。当别人不再欣赏她的时候，她就开始抱怨，开始不知所措。所以，一个女人要想被别人尊重和欣赏，就不要去抱怨，而是要学会独立自主，有自己的事业。只有这样，才能够得到长久的尊重和欣赏，才能够活出女人的一片天地！